硫化铜矿通风强化浸出

黄明清　张铭　著

北　京

冶金工业出版社

2023

内 容 提 要

本书紧扣"硫化铜矿通风强化浸出"这一主题，重点介绍矿石浸出过程中气体渗流、气-液两相流及气-液转化行为，探索强制通风时浸矿微生物的响应特征及矿石强化浸出的表现形式、作用机制，并探讨不同通风条件下的硫化铜矿生物浸出的应用效果，为低品位、难处理及深层硫化铜矿的流态化开采提供了技术支撑。

本书可供溶浸采矿、化学选矿、湿法冶金领域的教学、研究、设计、施工和管理人员参考使用，也可作为采矿工程、矿物加工工程和冶金工程等专业高年级本科生、研究生的学习参考书。

图书在版编目（CIP）数据

硫化铜矿通风强化浸出／黄明清，张铭著．—北京：冶金工业出版社，2023.4

ISBN 978-7-5024-9442-1

Ⅰ.①硫… Ⅱ.①黄… ②张… Ⅲ.①硫化铜—铜矿床—生物浸出 Ⅳ.①TD862.1

中国国家版本馆 CIP 数据核字（2023）第 045047 号

硫化铜矿通风强化浸出

出版发行	冶金工业出版社	**电 话**	（010）64027926
地 址	北京市东城区嵩祝院北巷 39 号	**邮 编**	100009
网 址	www.mip1953.com	**电子信箱**	service@mip1953.com

责任编辑 夏小雪 李培禄 美术编辑 吕欣童 版式设计 郑小利
责任校对 葛新霞 责任印制 禹 蕊
北京印刷集团有限责任公司印刷
2023 年 4 月第 1 版，2023 年 4 月第 1 次印刷
710mm×1000mm 1/16；12.75 印张；208 千字；194 页
定价 76.00 元

投稿电话 （010）64027932 投稿信箱 tougao@cnmip.com.cn
营销中心电话 （010）64044283
冶金工业出版社天猫旗舰店 yjgycbs.tmall.com
（本书如有印装质量问题，本社营销中心负责退换）

前　言

　　铜是我国战略性关键矿产资源。我国铜消费量长期位居全球第一，而对外依存度又长期高于80%，严重影响经济社会的发展。我国铜矿存在资源储量小、平均品位低、大型矿床少、综合利用率低等难题，亟需充分开发低品位、难处理及深部铜矿床；然而，采用常规采、选、冶工艺开发这类矿床时，面临开采成本高、环保压力大、工艺技术复杂等问题，进而影响了我国战略矿产资源的储备安全。

　　生物浸出是处理低品位、难处理及深层硫化铜矿的可靠技术，其本质是利用含菌溶液将固态金属矿物氧化成液态金属盐溶液，富集后的浸出富液再通过萃取、电积生产出阴极铜。生物浸出中，无论是地表堆浸、原地破碎浸出还是原位浸出，气体渗入矿堆（矿体）并参与矿物溶解反应及微生物生长是矿石有效浸出的关键步骤，决定着生物浸出的安全、成本与效率。

　　本书针对硫化铜矿通风强化浸出机理开展研究。全书共8章，主要内容如下：（1）总结国内外硫化铜矿生物浸出及通风强化浸出的研究与应用现状；（2）分别开展溶浸液饱和溶解氧浓度测试、矿堆气体渗透系数试验、强制通风下硫化铜矿生物柱浸试验；（3）建立并求解强制通风条件下的堆场气体渗流模型，阐明强制通风强化硫化铜矿浸出的作用机制；（4）开展硫化铜矿生物堆浸及原地破碎浸出中气体渗流场、速度场及温度场的数值模拟；（5）提出大型堆场生物浸出强制通风优化技术与调控措施，从而较完整地介绍强制通风强化硫化铜矿浸出的响应特征、作用机制与应用效果。

　　本书由黄明清副教授策划并主持撰稿，张铭参与编写，北京科技大学吴爱祥教授主审。参与全书审校的有王贻明教授、尹升华教授、王洪江教授、胡建华教授、杨保华教授，参与撰稿讨论的有艾纯明副教授、胡凯建副教授、缪秀秀副研究员、薛振林副教授，参与本书资料查阅、整理、文稿校对的有李兆岚、路丰豪、陈霖、王伟澄、詹术霖、蔡思杰、郑其伟等。

　　本书得到了国家自然科学基金（51804079）和福建省自然科学基金（2019J05039）的资助，为此表示深深的谢意。另外，本书参阅了大量文献资料，这里无法一一署名，谨向各位作者表示由衷的感谢。

　　由于作者水平有限，书中难免有不妥之处，敬请广大读者批评指正。

作　者

2022 年 10 月于福州大学

目　　录

1　绪论 ……………………………………………………………… 1

1.1　全球铜矿资源分布与利用现状 ………………………………… 1

1.1.1　全球铜矿资源分布现状 …………………………………… 1

1.1.2　全球铜矿资源利用现状 …………………………………… 3

1.2　全球铜矿溶浸开采现状 ………………………………………… 4

1.2.1　国外铜矿溶浸开采应用现状 ……………………………… 4

1.2.2　国内铜矿溶浸采矿发展概况 ……………………………… 6

1.3　通风强化矿石浸出发展现状 …………………………………… 8

1.3.1　堆场气体渗透特性研究现状 ……………………………… 8

1.3.2　堆场气体渗流规律研究进展 ……………………………… 9

1.3.3　通风强化硫化矿浸出应用现状 …………………………… 11

参考文献 ……………………………………………………………… 13

2　溶浸液饱和溶解氧浓度试验 …………………………………… 19

2.1　概述 ……………………………………………………………… 19

2.2　试验材料与方法 ………………………………………………… 20

2.2.1　试验药剂 …………………………………………………… 20

2.2.2　试验装置 …………………………………………………… 20

2.2.3　试验方案 …………………………………………………… 22

2.3　溶浸液溶解氧浓度模型 ………………………………………… 23

2.4　单因素对溶解氧的影响 ………………………………………… 26

2.5　多因素交互作用对溶解氧的影响 ……………………………… 28

2.6　温度和其他因素的联合效应 …………………………………… 30

2.7　浸出过程溶浸液需氧量模型 …………………………………… 34

参考文献 ……………………………………………………… 35

3 矿堆气体渗透系数影响因素试验 ……………………… 38

3.1 概述 ……………………………………………………… 38

3.2 试验材料与方法 ………………………………………… 39

    3.2.1 矿石试样 ……………………………………………… 39

    3.2.2 试验装置 ……………………………………………… 39

    3.2.3 试验方案 ……………………………………………… 40

    3.2.4 试验过程 ……………………………………………… 42

    3.2.5 检测方法 ……………………………………………… 42

3.3 通风强度对气体渗透系数的影响 ……………………… 43

3.4 含水率对气体渗透系数的影响 ………………………… 44

3.5 孔隙率对气体渗透系数的影响 ………………………… 45

3.6 粉矿含量对气体渗透系数的影响 ……………………… 46

3.7 压实密度对气体渗透系数的影响 ……………………… 47

参考文献 ……………………………………………………… 48

4 强制通风条件下硫化铜矿生物柱浸试验 ……………… 50

4.1 概述 ……………………………………………………… 50

4.2 试验材料与方法 ………………………………………… 51

    4.2.1 矿石试样 ……………………………………………… 51

    4.2.2 浸矿微生物 …………………………………………… 52

    4.2.3 试验仪器与设备 ……………………………………… 53

    4.2.4 试验方案 ……………………………………………… 59

    4.2.5 试验过程 ……………………………………………… 60

    4.2.6 检测与计算方法 ……………………………………… 61

4.3 浸出过程 pH 值、电位变化规律 ……………………… 62

4.4 矿堆渗流速率变化规律 ………………………………… 63

4.5 浸出前后矿堆孔隙率变化规律 ………………………… 64

4.6 浸矿微生物浓度变化规律 ……………………………… 66

4.7 浸出过程 TFe 浓度及 Fe^{2+} 浓度变化规律 …………… 68

4.8　浸出过程 Cu 浸出率变化规律 ……………………………… 70

4.9　浸出过程氧气利用系数分析 ………………………………… 71

参考文献 …………………………………………………………… 72

5　堆场气体渗流机理与渗流规律 ……………………………… 74

5.1　概述 …………………………………………………………… 74

5.2　堆场气体渗流场特征与渗流机理 …………………………… 75

5.2.1　堆场气体渗流场特征 …………………………………… 75

5.2.2　堆场气体渗流机理 ……………………………………… 76

5.3　堆场气体渗流模型 …………………………………………… 80

5.3.1　模型假设 ………………………………………………… 80

5.3.2　气体渗流控制方程 ……………………………………… 80

5.3.3　堆场气体渗流模型 ……………………………………… 82

5.4　堆场气体稳定渗流场求解 …………………………………… 83

5.4.1　自然通风条件下气体渗流解 …………………………… 83

5.4.2　强制通风条件下气体渗流解 …………………………… 85

5.5　堆场气体非稳定渗流场求解 ………………………………… 88

5.6　堆场气体渗流速率与通风气压的关系 ……………………… 92

5.7　堆场气-液形态与通风气压的关系 ………………………… 93

参考文献 …………………………………………………………… 95

6　硫化铜矿通风强化浸出机理 ………………………………… 97

6.1　概述 …………………………………………………………… 97

6.2　堆浸体系氧传质与气泡动力学 ……………………………… 97

6.2.1　堆浸生物系统中氧传质途径 …………………………… 98

6.2.2　强制通风条件下堆场中的氧传质 ……………………… 99

6.2.3　堆场中气泡尺寸与形态 ………………………………… 100

6.2.4　堆场中气泡受力分析 …………………………………… 103

6.2.5　强制通风条件下气泡上升动力学 ……………………… 105

6.3　强制通风条件下堆场传热规律 ……………………………… 106

6.3.1　自然通风条件下的堆场热量平衡 ……………………… 106

6.3.2 强制通风对堆场传热的影响 ……………………… 111

6.3.3 堆场温度分布的空间异质性 …………………… 112

6.4 强制通风对浸矿微生物迁移的影响 ………………… 114

6.4.1 浸矿微生物迁移机制与影响因素 ……………… 114

6.4.2 竖直方向微生物迁移与分布特征 ……………… 119

6.5 通风强化矿石浸出作用机制 ………………………… 122

6.5.1 硫化铜矿化学反应需氧量 ……………………… 122

6.5.2 浸矿微生物生长需氧量 ………………………… 127

6.5.3 堆场有效风量率 ………………………………… 130

6.5.4 强制通风对硫化铜矿浸出的作用过程 ………… 132

参考文献 ………………………………………………… 136

7 硫化铜矿通风强化浸出数值模拟 ……………………… 142

7.1 概述 …………………………………………………… 142

7.2 COMSOL Multiphysics 介绍 ………………………… 143

7.3 模拟条件与过程 ……………………………………… 144

7.3.1 基本假设 ………………………………………… 144

7.3.2 控制方程 ………………………………………… 144

7.3.3 模拟方案 ………………………………………… 146

7.3.4 物理模型 ………………………………………… 146

7.3.5 边界条件 ………………………………………… 148

7.4 不同通风强度下的硫化铜矿浸出 …………………… 149

7.4.1 堆场氧气浓度及气流速度分布 ………………… 149

7.4.2 堆场温度分布 …………………………………… 151

7.4.3 Cu 浸出率 ……………………………………… 152

7.5 不同喷淋速率与通风强度比值的硫化铜矿浸出 …… 153

7.5.1 堆场氧气浓度及气流速度分布 ………………… 154

7.5.2 温度分布及其空间异质性 ……………………… 155

7.5.3 Cu 浸出率 ……………………………………… 158

7.6 硫化铜矿原地破碎堆场通风强化浸出 ……………… 160

7.6.1 基本假设 ………………………………………… 160

7.6.2　模型建立与网格划分 ……………………………… 161

7.6.3　模拟方案 ………………………………………………… 161

7.6.4　矿堆气流速度分布 …………………………………… 162

7.6.5　矿堆温度分布 ………………………………………… 165

7.6.6　铜离子浓度分布 ……………………………………… 168

参考文献 ………………………………………………………… 171

8　通风强化浸出技术调控与应用 ………………………… 172

8.1　通风强化浸出技术分类 ………………………………… 172

8.2　强化堆场气体自然对流 ………………………………… 173

8.2.1　筑堆方法选择 ………………………………………… 173

8.2.2　控制入堆矿石粒径 …………………………………… 173

8.2.3　优化布液方式与布液制度 …………………………… 175

8.2.4　溶浸液充气入堆 ……………………………………… 177

8.2.5　改善堆场渗透性 ……………………………………… 178

8.3　硫化铜矿堆浸的强制通风技术 ………………………… 178

8.3.1　堆场底部结构 ………………………………………… 178

8.3.2　强制通风网络布置 …………………………………… 181

8.3.3　强制通风设备选择 …………………………………… 182

8.3.4　强制通风监测指标 …………………………………… 183

8.3.5　强制通风调控措施 …………………………………… 186

8.4　强制通风技术工业应用 ………………………………… 187

8.4.1　矿山概况 ……………………………………………… 187

8.4.2　堆场强制通风系统设计 ……………………………… 188

8.4.3　强制通风浸出模拟结果 ……………………………… 190

参考文献 ………………………………………………………… 193

1 绪　　论

1.1　全球铜矿资源分布与利用现状

1.1.1　全球铜矿资源分布现状

铜是全球多个国家和地区的战略性矿产资源。全球铜矿资源较为丰富，据美国地质调查局2021年度报告[1]数据，2020年全球铜经济可采储量8.98亿吨，资源储量达57.1亿吨。然而，铜储量分布相对集中，智利、秘鲁、澳大利亚三国的铜资源可采储量分别占全球铜资源可采储量的23%、10%、9%。

中国铜矿资源的人均拥有量仅为世界平均水平的13%，铜资源储量严重不足。在迄今发现的约900个铜矿产地中，铜资源主要集中于170个5万吨以上的中型、大型和超大型矿床中，其中大于250万吨以上的超大型矿床共有4个，储量1779万吨；50万~250万吨的大型铜矿床共有32个，储量3356万吨；5万~50万吨的中型铜矿床共有134个，储量2105万吨[2]。对资源开发不利的是，我国铜矿大型矿床数量仅占2.7%，中型矿床占8.9%，而小型矿床多达88.4%[3]，致使全国329个已开采的铜矿区每年累计铜产量只有80多万吨，甚至低于智利Escondida铜矿单个矿山的年产量（125万吨）。此外，我国铜矿平均品位只有0.87%，且80%左右的有色矿床中都有共伴生元素，单一型铜矿只占27.1%，而综合型的共伴生铜矿占了72.9%。由于以上原因，现阶段我国约70%的铜产量依靠进口原料生产[4]。

2018年，我国固体矿产勘查投资已占全球固体矿产勘查投资的14.1%，但地质勘查投资的增长速度仍远滞后于工业生产总值的增长速度，矿产储量增长速度远低于消费增长速度[5-7]。据自然资源部统计，我国2021年矿产资源储量中，铜为3494.8万吨，铅为2040.8万吨，锌为4422.9万吨，铝土矿为71113.7万吨，镍为422万吨，钴为13.86万吨，钨为295.2万吨，锡为 113.1 万吨,钼为 584.9 万吨;而近年来主要战略性矿产品资源的对外依存度不断攀升,其中钴、铬资源对外依存度接近 100%,镍、铌、铪等金属对外依存度超过 90%,铁矿石、铜、锂、锆、锰等金属对外依存度超过 80%[8]。可见,铜矿等战略性矿产资源储量不足严重制约着我国经济社会的发展。

在铜资源赋存形式方面,自然界中已探明的铜矿物类型约有 170 种,硫化物为自然界中铜的主要存在形式,如表 1-1 所示。其中,原生硫化铜矿物在铜矿资源中分布最广,其次是斑铜矿和辉铜矿等。

表 1-1 自然界中常见的铜硫化物

矿物名称	化学组成	理论含铜量/%
辉铜矿	Cu_2S	79.80
铜蓝	CuS	66.44
斑铜矿	Cu_3FeS_3	55.50
硫砷铜矿	Cu_3AsS_4	48.40
黝铜矿	Cu_3SbS_3	46.70
黄铜矿	$CuFeS_2$	34.56

我国目前已探明铜矿产地 913 处,累计探明铜储量 11443.49 万吨,斑岩型、矽卡岩型、层状型、黄铁矿型和铜镍硫化物型是我国最主要的铜矿类型,全国 90% 以上的铜矿总储量为以上几种类型铜矿所占据,如表 1-2 所示[10-12]。

表 1-2 我国主要铜矿类型及其占铜总储量占比

矿床类型	代表型矿床	总储量占比/%
岩浆型	甘肃金川白家嘴子、河南周庵铜镍矿	5.67
斑岩型	江西德兴铜矿、西藏江达玉龙	41
矽卡岩型	湖北大冶铜绿山、江西九瑞城门山	27
黄铁矿型	新疆阿舍勒铜锌矿、江西铅山永平铜矿、青海德尔尼铜矿	9.24
其他类型	—	17.15

从保障国家战略性矿产资源安全角度来看，采用新方法、新技术来开发低品位、难处理等复杂铜矿资源，对缓解我国铜资源危机具有重要意义。生物浸出作为越来越成熟的工业技术，有望对我国低品位矿、含矿废石等资源的开发作出更积极的贡献。

1.1.2　全球铜矿资源利用现状

近几十年来，全球铜的消费迅猛增长。1992 年世界矿山铜产量 920 万吨，精炼铜产量 1100 万吨，消费量 1073 万吨；2002 年，三项指标增长为 1076.6 万吨、1503.2 万吨和 1487.5 万吨[9]；2012 年，矿山铜产量、精炼铜产量及消费量则增长至 1674 万吨、2056 万吨和 1975.6 万吨；2021 年，矿山铜产量、精炼铜产量及消费量则进一步增长至 2137 万吨、1851 万吨和 2597.5 万吨。

20 世纪 90 年代以来，我国进入工业化快速发展阶段，对有色金属产量和矿产品需求量不断增长，尤其是我国近十年铜生产量及消费量增长迅速（见表 1-3），但矿产资源储量增长缓慢，远远赶不上产量的增长，铜矿资源的需求缺口将继续加大，未来发展的资源压力巨大。

表 1-3　我国近十年铜金属生产量及消费量　　　（万吨）

类别	2012 年	2013 年	2014 年	2015 年	2016 年	2017 年	2018 年	2019 年	2020 年	2021 年
矿山铜产量	162.5	180.4	190	167	190	171	160	162.8	167.3	185.5
精炼铜产量	575.7	649	764.4	796.4	843.6	888.9	902.9	978.4	1002.5	1048.7
铜消费量	787.5	845	850	985	1163.9	1179.4	1250	1301.8	1448.3	1387

我国已开发铜矿占全国资源总量的 67%，可供利用的后备资源严重不足，而铜资源开发长期存在资源综合利用率低、浪费大、环境破坏现象严重等问题[10]。据统计，我国矿山采选综合回收率只有 60% ~ 70%，比国际水平低 10% ~ 20%。我国约 2/3 具有共生、伴生有用组分的矿山尚未开展综合利用，而已进行综合利用的矿山资源综合利用率仅为 20%。

此外，我国的矿山企业每年产生固体废弃物 133.8 亿吨，因露天采矿、废石堆、尾堆场置等破坏与侵占的土地已达 14000 ~ 20000km²，并以每年 200km² 的速度增加[11]。其中，金属矿山产生的尾堆场存量已达 60 余亿吨，并且每年以 2 亿~3 亿吨的速度递增[12]。然而，我国尾矿资源的利用仅为 10%，而矿业技术先进的国家普遍达 50% 以上[13]。

综上所述，一方面，我国对铜金属消费量巨大，后备资源储量不足，资源开发利用难度大；另一方面，我国废石及尾矿等矿山固体废物排放量逐年增大，低品位矿、表外矿、含矿废石及尾矿中的大量铜资源却尚未得到有效开发，亟需推广溶浸开采等新型技术，以促进矿产资源开发的可持续发展。

1.2　全球铜矿溶浸开采现状

1.2.1　国外铜矿溶浸开采应用现状

国外采用浸矿微生物处理铜矿资源的历史已有 200 多年。早在 1752 年，西班牙 Rio Tinto 矿山就使用酸性矿坑水浸出氧化铜矿[14]。1950 年，美国 Kennecott 铜矿开始原生硫化铜矿表外矿的生物堆浸试验，并于 1958 年获得溶浸采矿史上第一个专利[15]。1958 年，美国肯尼亚州某铜矿采用微生物浸铜获得成功，证实了微生物在矿石浸出中的生物化学作用，促进了堆浸法的进一步发展[16]。接着，智利 Lo Aguirre 铜矿在 1980 年实现了生物堆浸的商业化应用，在 1980~1996 年间采用微生物浸出处理的矿石量达 16000t/d，标志着生物浸铜技术已迈向了大规模工业生产时代[17]。此后，墨西哥 Cananea 铜矿于 1986 年实现含铜废石的大规模生物堆浸，浸出对象为斑岩铜矿废石，Cu 品位 0.26%，初期堆高为 70~120m，浸出周期 80 个月，Cu 回收率 55%~60%；1990 年后进行技术改进，使铜回收率从 60% 提高至 85%，浸出周期缩短一半，使该矿生物堆浸规模达到 2750 万吨/年[15]。

目前，生物堆浸技术已在世界 50 多个国家和地区得到了应用和发展，对矿山开发低品位、复杂难选铜矿和废石资源起到关键作用，已成为工业生产铜的主要方法之一。美国、智利、秘鲁、澳大利亚等国都广泛采用溶浸技术开采低品位铜、铀、镍、钼等矿产，世界上每年用浸出生产的铜占总产量的约 25%[18-19]，其中智利 30%、美国 10% 的铜金属都采用堆浸技术生产，取得了明显的经济、社会及环境效益。

美国亚利桑那州 Chino 铜矿废石含铜 0~0.5%，Copper Queen 铜矿废石含铜约0.3%，废石生物堆浸处理量分别为5.2万吨/天及6万吨/天，按总回收率50%计算，浸出、沉淀及精炼的吨铜生产成本仅为330美元，经济效益良好。

智利Cerro Colorada铜矿地处海拔3200m的高原，1993年建成投产第一期堆浸-萃取-电积工厂处理氧化矿和硫化矿，采用Pudahuel公司的TL专利技术。移动式皮带筑堆机在该矿首次使用，粒径-12.5mm原矿占90%，用硫酸和水制粒堆浸，采用永久堆场移动浸渣（on-off）方式作业。第一期产铜4.5万吨/年，1996年扩建至6.0万~6.5万吨/年，1998年再次扩建至10万吨/年。2000年该矿被Billiton收购，并在2004年扩建至13.0万吨/年。目前，该矿处理含铜1.0%左右的硫化铜矿，铜浸出率达84%~85%（相当于90%~95%可浸铜），浸出周期450~500天。

智利北部的Quebrada Blanca铜矿海拔4400m，是全球海拔最高的堆浸厂。该矿1994年9月投产，采用薄层堆浸处理硫化铜，含铜品位0.9%~1.3%，阴极铜生产能力7.5万吨/年。生物堆浸中的萃余液经加热后喷淋；为了保证细菌的生长繁殖，从堆场底部通入空气。尽管矿山海拔高，寒冷期长，但由于细菌氧化过程中放热，在冬季-10℃的低温期堆浸仍可进行。浸出液温度18~25℃，浸出周期500天，铜浸出率为82%；浸出液温度为22~25℃时，浸出周期缩短为360天。

智利Zaldivar铜矿1995年投产，采用生物堆浸-萃取-电积工艺，阴极铜年产量12.5万吨/年，2004年扩建至14.7万吨/年。矿山以次生硫化铜矿为主，含有部分氧化矿。该矿曾尝试过分级入堆，脱除细粒部分进浮选，浮选精矿返回堆浸系统，大于150~200μm的矿石不制粒直接进堆场，由于分级入堆工艺未获成功，后来改为TL工艺，浸出周期365天[20]。

巴西Bahia的大型铜矿床铜品位1.14%，含硫0.7%，含铁13.62%。采用氧化亚铁硫杆菌生物浸出时，铜的浸出率达70%以上。采用无菌化学方法浸出时，铜的回收率仅为30%。

澳大利亚Conzinc Rio-Tinto公司从1965年开始用生物堆浸法回收Rum Jungle铜矿中的铜。硫化铜矿Cu品位1.6%，氧化铜矿Cu品位2%。硫化矿堆循环液含铜0.15g/L，从硫化矿堆到氧化矿堆溶液含铜0.66g/L，进入置换池的浸出液含铜1.2g/L，从置换池排出的尾液含铜0.15g/L。

国外采用生物堆浸技术处理铜矿的部分矿山及其主要特点如表1-4所示。

表 1-4　国外部分采用生物堆浸的铜矿山及其特点

矿山名称	堆浸铜矿储量/万吨，Cu 品位/%	矿石类型及处理量/万吨·天⁻¹	铜产量/万吨·年⁻¹
Cerro Colorado，智利	8000，1.4	辉铜矿和铜蓝 1.6	10
Quebrada Blanca，智利	8500，1.45；4500，0.5	辉铜矿 1.73	7.5
Lomas，智利	4100，0.4	氧化铜和硫化铜矿 3.6	6
Escondida，智利	150000，0.3~0.7	氧化矿和硫化矿	20
Cerro Bayas，秘鲁	—，0.7	氧化矿和硫化矿 3.2	5.4
Morenci，美国亚利桑那州	345000，0.28	辉铜矿和黄铁矿 7.5	38
Nifty Copper，澳大利亚	—，1.2	氧化矿和辉铜矿	1.6
Whim Greek，澳大利亚	90，1.1；600，0.8	氧化矿和硫化矿	1.7
S&K Copper，缅甸	12600，0.5	辉铜矿 1.8	4
Phoenix Deposit，塞浦路斯	910，0.78	氧化矿和硫化矿	0.8

1.2.2　国内铜矿溶浸采矿发展概况

在中国，早在战国时期的《山海经》就曾描述"石脆之山，其阴多铜，灌水出焉，其中多流赤者"，唐朝时开始实施铜矿堆浸，宋朝时采用"胆水浸铜法"生产的铜已占总产量的 15%~25%[21-22]。我国对生物浸出的科学研究始于 20 世纪 60 年代，近年来发展尤其迅速，已在福建紫金山铜矿、江西德兴铜矿、新疆喀拉通克铜镍矿、湖南柏坊铜矿、大宝山铜矿、官房铜矿、蓝田铀矿等矿山实现工业化生产。

1965 年，铜官山铜矿首次在国内采用微生物浸出回收残留的铜矿石。浸出区域为地表已沉陷的老采区，矿床类型为高温热液交代矿床，顶板为塌落的褐铁矿、大理岩，底板为石英岩。浸出区域最深 70m，原生硫化矿占 34.2%，氧化矿占 35.1%，Cu 品位 1.2%，可灌面积 8000m²，布液面积 4000m²，浸矿微生物主要为 *At. ferrooxidans*，与硫酸混合后通过布液管输送至地表堆场，再经放矿漏斗、运输巷道等工程注入井下水仓，浸出富液再泵送至地表堆场进行循环浸出，浸出 50 天后生产的海绵铜品位为 35%~

$50\%^{[23]}$。此外，细菌采用矿坑水细菌培养基培养后对采场的废矿石进行堆浸，经过 200 多天的浸出，铜的浸出率在 80% 以上。

水口山有色金属公司柏坊铜矿的中选尾矿和浮选尾矿中含有铜和铀，采用细菌浸矿剂，用池浸法渗滤浸出 20 天，铜和铀的浸出率都在 80% 以上。含铜的浸出富液用铁置换，投产 7 年，产海绵铜 130 多吨。进入矿山开采晚期后，矿山采用含菌酸性溶液对 5401 残矿进行原地破碎浸出采矿，取得良好的经济效益[24]。

福建紫金山铜矿已探明的铜金属贮量 146.5 万吨，属于低品位含砷铜矿，铜的平均品位为 0.63%，S 的品位为 2.58%，As 的品位为 0.037%，主要铜矿物为蓝辉铜矿、辉铜矿和铜蓝。细菌浸出的试验表明，采用生物冶金方法利用该铜矿可行（见图 1-1）。在不断的试验中，紫金山铜矿发展出了独特的"三高一低"工艺参数：高温度，浸出富液 45～60℃，堆内温度高达 70℃；高铁浓度，TFe 50g/L；高酸度：富液含酸浓度 20g/L，pH = 0.8～1.0；低氧化还原电位，E_h = 700～740mV。2002 年，紫金山铜矿建成 1000t/a 电铜的生物冶金提铜试验厂，2005 年建成 10000t/a 阴极铜的生物冶金提铜工厂，2012 年生产阴极铜 1.3 万吨[25-26]。

图 1-1 紫金山铜矿破碎-生物堆浸-萃取-电积工序示意图

江西德兴铜矿已建成了采用细菌浸出技术年产 2000t 阴极铜的 L-SX-EW 试验工厂。入堆矿石为未破碎的原生硫化铜矿表外矿或废石，堆场面积 7.5 万平方米，堆高 80m，废石平均含铜 0.09% ~ 0.25%，矿石年浸出率 9%。采用嗜中温菌及中度嗜热细菌选择性分段浸出后，Cu 年浸出率提高至 20.6%。1997 年 5 月开始喷淋，1997 年 10 月产出了质量达到 A 级标准的电铜[27-28]；2010 年产阴极铜 1500t，生产成本低于 1.5 万元/t。

最近，吴爱祥等人[29]提出 2000m 以上的深层金属矿流态化开采构想。原位溶浸采矿是铜矿流态化开采的主要形式，是在原地破碎浸出基础上发展而来的；该技术核心工艺是在地表经钻孔向目标金属矿体注入含浸矿微生物的溶浸液，溶浸液流经矿层时与矿物发生生物、化学反应，溶解后的金属离子经富集后抽至地表进行萃取、电积，进而生产出高纯度的阴极铜。原位溶浸采矿在铀矿中广为应用，我国超过 80% 的铀矿通过该法生产[30]。

总体而言，溶浸采矿技术发展迅速，在越来越多的国家和地区得到推广应用，可处理的资源类型也越来越多，在国内外矿石资源的开发利用中扮演着越来越重要的角色。

1.3　通风强化矿石浸出发展现状

1.3.1　堆场气体渗透特性研究现状

多孔介质体系的气体渗透特性主要用气体渗透系数来描述，气体渗透系数包括一般渗透系数、常用渗透系数及固有渗透系数，三者可相互转换。国内外学者对堆场气体渗透特性的直接研究较少，大多是针对土壤、砂石、城市生活垃圾等多孔介质的气体渗透基础理论、气体渗透系数影响因素及气体渗透系数测量等方面开展相关研究。

对于渗透特性较好的多孔介质体系，气体渗透特性可用 Darcy 定律和 Fick 定律来描述[31-33]。Darcy 定律表明，气体的流速与气体压力梯度成正比。类似地，Blight[34]认为，Fick 定律经过修正后可用于描述散体介质中的气体流动，扩散气体通过单位面积的流量与浓度梯度成正比。根据 Darcy 定律及修正后的 Fick 定律，多孔介质体系气体渗透系数主要与气体压力、流速或流量有关。

在多孔介质气体渗透系数影响因素方面，Didier 等人[35]认为，固有渗透系数能有效反映多孔介质本身的孔隙尺寸、形状、曲折度和分布的情况；对于给定的多孔介质而言，是与溶液性质无关的常量。气体一般渗透系数除了与孔隙性质有关，还与气体密度有关。气体常用渗透系数与黏滞系数有关，黏滞系数与温度和压力有关；在一定的温度和压力下气体渗透系数为常量。类似地，Wang 等人[36]发现，渗透系数是反映孔隙介质性质及流体物理性质的指标，其中孔隙性质包括颗粒组成、结构、紧密程度及孔隙大小等，流体物理性质包括流体密度、黏滞性等。之后，庞超明等人[37]通过改变试件的厚度对气体渗透系数进行测量。试验结果表明，随着试件厚度的增大，气体渗透系数的增长系数为多孔介质的曲折度因子。此外，杨逾[38]、彭绪亚[39]、曾刚[40]等人通过分析进气压力、非饱和渗流、介质成分、孔隙率对气体渗透性的影响，展开了对多孔介质体系气体渗透特性方面的研究。

在多孔介质气体渗透系数的测量方面，余毅[41]制作了用于测量填埋垃圾体气体渗透特性的试验装置，在室温和常压下，通过测量不同压实密度、不同含水率、不同填埋阶段空气在垃圾体中的横向及垂直渗透系数，研究了不同工况条件下垃圾体的气体渗透特性。魏海云[42]改进了垃圾体的渗透系数测量装置，利用试验筒、U 型测压管、调压阀及流量计等设备，对低饱和度（饱和度 $S_r < 40\%$）和高饱和度（饱和度 $S_r > 60\%$）样品先后采用 5kPa、10kPa 及 15kPa 气压力进行试验。随后，彭绪亚[43]采用箱体导气试验装置研究新鲜垃圾、腐熟垃圾以及混合垃圾的气体渗透特性，发现垃圾有显著的各向异性特征，水平方向的气体渗透系数为垂直方向的 3.5~27.3 倍，垂直方向的气体渗透系数介于 $10^{-7} \sim 10^{-5}$ m²/（Pa·s）的数量级。此外，邹春[44]、薛强[45]、刘玉强[46]等人也开展了填埋垃圾气体渗透特性方面的研究，分析了填埋方式、堆内非饱和渗流、孔隙率对填埋场气体渗透性的影响。

溶浸采矿是一种由固、液、气组成的典型多孔介质体系，其中的溶液渗流具有显著的各向异性特征，水平方向的溶液渗透系数一般大于垂直方向。溶浸采矿体系与填埋场中的城市垃圾在堆场形态、气-液-固组成成分、气体渗透等方面较相似，因此，可借鉴城市垃圾气体渗透的研究方法对生物堆浸体系进行研究。

1.3.2 堆场气体渗流规律研究进展

目前，国内外对气体渗流规律的研究集中于多孔介质体系气体运移方式、运移模型及气-液-固三相作用方面，对矿石堆场中的气体渗流规律研究较少。

在多孔介质体系气体运移方式方面，早在 1924 年，Powers[47]发现封闭沙壤土土柱内气体压力增加到某一值时，气体会出现突破并将土柱饱和层向上抬升，甚至造成溶液入渗中止。1989 年，Massmann[48]指出土的气体运移控制方程是非线性的，但土中的最大气压差值一般小于 50kPa，故可采用地下水流动方程分析土中的气体运移问题。与之相反的是，Young[49]认为堆内气体运移是水、气多相流动的一部分，然而由于水分的运移速度远小于气体的运移速度，且溶液的作用时间很长，故分析气体运移规律时可忽略溶液的运移。随后，El-Fadel 等人[50-53]较系统地研究了填埋场中气流和热流涡合迁移的问题，分析了热能对垃圾的产气率和气体渗透系数的影响。

在多孔介质体系气体运移模型方面，陈家军等人[54-55]以多孔介质流体动力学理论为基础，考虑到填埋场内气体压力变化较小和气体密度变化小，建立气体密度为常量的气体运移模型。Massmann 等人[48]认为，气体运移控制方程包括气体质量守恒方程、Darcy 定律及气体状态方程。接着，Yang 等人[56]建立了能模拟非饱和水分、气、热运动和变形相互耦合作用的二维数值模型，能统一、协调地描述非饱和土的诸多不同特性。随后，Townsend[57]采用单一气体渗透系数，分析了垃圾填埋场气体的运移特征，并给出单层均质垃圾的一维气体运移模型。此外，苑莲菊[58]认为，多孔介质中的气体流动与自然风压、多孔介质内外气体密度之差、压力梯度等因素有关，可采用 Darcy 定律和 N-S 方程来建立气体流动动力学模型。之后，黄明清[59]认为多孔介质体系的气体渗透系数能很好地反映气体渗透特性，固有渗透系数和常用渗透系数是气体渗透系数的两种特殊形式，二者与一般渗透系数可相互转换。再之后，王昌进等人[60]将渗透率修正因子代入 Fick 定律，建立了有效气体参数与多孔介质结构参数的数学模型。无论是 Darcy 定律抑或修正的 Fick 定律都表明气压、气流速度和气流量皆与矿堆的渗透系数相关。

在多孔介质体系气体-流体-固体相互耦合作用方面，Orr[61]将堆浸过程溶液渗流视为非饱和渗流，将堆场内的渗流视为复杂的气-液两相渗流。Munoz 等人[62-63]将气体流动按非饱和流的流动规律来研究。Thom[64]利用

Levy 动量交换模型,以气-液两相完全分离的动量方程为基础建立了两相流单元体积上气、液两相动量方程。Nastev 等人[65]则进一步研究了水、空气、甲烷、二氧化碳和热能涡合迁移的问题。进一步地,张在海[66]发现,气-液两相体系中体系的有效分子黏度比单相流体大,并研究了气-液两相流的有效分子黏度的影响因素。后来,尹升华[67]用多相渗流条件下的气-液运动的偏微分方程来描述气-液两相在堆场中的流动,在考虑溶液重力因素的条件下分别建立了流体渗透方程和气体流动方程。赵阳升等人[68]基于“气体和液体为不可分离的两组分”这一定义,建立了气-液二元混合物渗流数学模型。该模型可减少一半的方程求解量,并体现了二元混合组元的渗流特性,简化了模型的求解过程。

以上研究考虑了土壤、垃圾填埋体、堆场等多孔介质体系中的气相、液相的流动与运移问题,指出了气体运移的方式,总结了气体运动过程中的渗流模型与影响因素,对堆场气体渗流规律的研究提供了良好的借鉴价值。本书将在此基础上,对自然通风及强制通风条件下的堆场气体渗流规律作更深入的研究。

1.3.3　通风强化硫化矿浸出应用现状

气体是生物浸出过程中必不可少的参与者,无论是矿石氧化反应,还是浸矿微生物的生长繁殖,均离不开 O_2 及 CO_2,尤其是堆内氧气浓度容易成为制约硫化矿物浸出的限制性因素。

Casas 等人[69-70]用数学模型表明,如果仅靠自然扩散的话,氧气将无法扩散到堆场或废石堆 5m 以下的部位。例如,瑞典 Aitik 铜矿堆浸过程中,堆场表面 12m 以下的氧气浓度仅为堆场表面的 25%[71]。此外,Bhappu 等人[72]通过气钻每隔 2.4m 取得新墨西哥州的 Kennecott Chino Mine 堆场不同位置的矿样,发现 At. ferrooxidans 只是在堆场表面有明显的数量,细菌数量随深度的增加迅速减少,直至完全检测不到,表明堆场内的氧气浓度是制约浸矿细菌数量的关键因素。Bradley[73]等人采用 L-S 浸出模型,得到了浸出矿堆的体积产热和耗氧量。类似地,Hector[74]通过不同通风速率条件下的堆底强制通风浸出,发现铜的浸出速率与矿堆含氧量之间存在直接的相关性,且矿堆氧气浓度在矿堆底部附近最高,并往顶部方向呈下降趋势。该研究表明耗氧量与细菌活性和强制通风速率有关,适当提高通风速率能提高铜的浸出率。美国 Hazen 研究所的试验结果也表明，通过往堆场中通入空气增加含氧量，可使浸出周期缩短近 1/3，也提高了金的浸出率[75]。

Hector 等人[74]认为不同堆深的氧气浓度随通风强度的加大而增大，可将不同高度的氧气浓度分布看作是只与高度有关的函数，并以此预测强制通风条件下铜矿浸出过程中的耗氧量。Leahy[76]分析了仅有垂直液流和气流时各相均质多孔介质的对流扩散方程，描述了扩散过程中氧气扩散系数与溶浸液溶解氧浓度的关系表达式。针对溶液中溶解氧量的影响因素研究方面，Mazuelos 等人[77]测量了常温常压下溶液 pH 值、Cu^{2+} 及其他盐离子浓度对溶解氧的影响，并建立了数学模型来预测浸出液溶氧量。最近，Huang 等人[78]以溶浸液温度、pH 值、Fe^{2+} 浓度、Fe^{3+} 浓度、Cu^{2+} 浓度为自变量，开展 5 因素 5 水平组合条件下溶浸液的饱和溶解氧浓度测试试验，推导了溶浸液需氧量的计算模型，并分析了溶浸液饱和溶解氧浓度与溶浸液需氧量之间的关系。

为了提高堆场的氧气浓度，国内外矿业工作者对生物堆浸中的强制通风问题进行了一系列的实践。1993 年，澳大利亚的 Girilambone 铜矿首次在次生硫化铜矿的生物堆浸中引入强制通风，极大提高了硫化铜矿的浸出率[79]。2005 年，智利的 Alliance 铜矿用极端嗜热古生菌浸出黄铜矿精矿，在从经济上权衡充入大气、纯氧及富氧空气利弊后，在工业试验中向堆场通入纯氧，并采用自动控制系统来控制浸出过程中的溶解氧浓度，目前该矿每年可产生 2 万吨阴极铜[80-81]。智利的 Quebrada Blanca 铜矿用微生物堆浸含矿废石及辉铜矿，从堆场底部通入空气以保证低温天气中细菌的生长繁殖。充气强化浸出中，堆中和堆底的浸矿细菌数量较未充气前增加了数倍[82-83]。

加拿大 Denison 铀矿从埋在底板下的 3 根直径为 13cm 的 PE 管向堆场内鼓入压缩空气，使堆场中下部位的缺氧区获得充足的空气，从而加速氧气在堆内循环，加大氧气在溶液中的溶解度，提高了浸出率，缩短了浸出时间[84]。美国 Carlin 金矿对堆场中心进行充气，使浸出时间从 45 天缩短到 32 天，提高了金的回收率。

紫金山铜矿主要处理次生硫化铜矿，生物浸堆高度为 4~6m，当堆场含氧量小于 15% 时，细菌活性和铜的浸出速率明显受到影响[85]。充气结果表明，未充气时，堆内的氧浓度小于 15%；充气 2h 后，堆内氧浓度为 21%；充气 4h 后，堆内氧浓度达到饱和。研究还发现，堆内不同深度的氧浓度各不相同，耗氧速率也不一样，深度越大，氧消耗量越大，氧浓度降低的速度越快。根据试验结果，确定的充气参数为：充气压力 0.04~0.045MPa，通风强度为 1.5L/(m² · h)，充气频率为 2 次/天，充气时间为 2~3h/次。

以上研究与工业应用案例说明，在堆场底部采用机械通风向堆场供气的方法能有效提高堆场的氧气浓度，缩短矿石浸出时间，提高矿石浸出率。然而，通风强化浸出却较多停留在工业应用方面，理论研究相对滞后，随着矿石强化浸出机制、通风模式与微生物生长关系等基础研究的发展，生物堆浸必将焕发出更强大的生命力。

参 考 文 献

[1] U. S. Geological Survey. Mineral Commodity Summaries 2021 [M]. Virginia, USA：U. S. Geological Survey, 2021.

[2] 王全明. 我国铜矿勘查程度及资源潜力预测 [D]. 北京：中国地质大学（北京），2005.

[3] 麻志周. 我国矿产资源保障问题的思考 [J]. 国土资源情报，2009，3（2）：2-7.

[4] 周京英，孙延绵，付永兴. 中国主要有色金属矿产的供需形势 [J]. 地质通报，2009，28（2）：171-176.

[5] 赵慷，颜纯文. 2002—2011 年全球固体矿产勘查投资分析 [J]. 地质装备，2012，13（3）：41-44.

[6] 陈其慎，张艳飞，贾德龙，等. 全球矿业发展报告 2019 [M]. 北京：自然资源部中国地质调查局中国矿业报社，2019.

[7] 薛亚洲，王世虎. 从中国矿业投资看矿业发展 [J]. 中国矿业，2011，20（9）：5-8.

[8] 自然资源部. 2021 年全国矿产资源储量统计表 [J/OL]. 北京：自然资源部，2022 [2022-12-21]. https：//www. mnr. gov. cn/sj/sjfw/kc＿19263/kczycltjb/202208/t20220826＿2757756. html.

[9] 郑飞. 过去十年铜精矿市场述评与展望 [J]. 国外金属矿选矿，2003（11）：7-11.

[10] 吕振福，冯安生. 矿产资源综合利用率计算方法探讨 [J]. 矿产保护与利用，2013（3）：4-8.

[11] 丁士垣. 采矿业的环境问题分析与治理 [J]. 矿业快报，2004，419（5）：7-10.

[12] 刘恋，郝情情，郝梓国，等. 中国金属尾矿资源综合利用现状研究 [J]. 地质与勘探，2013，49（3）：437-443.

[13] 兰兴华. 从再生资源中回收有色金属的进展 [J]. 世界有色金属，2003，18（9）：61-65.

［14］ Johnson D B. Biohydrometallurgy and the environment：Intimateand important interplay ［J］. Hydrometallurgy, 2006, 83（1/2/3/4）：153-166.

［15］温建康. 生物冶金的现状与发展［J］. 中国有色金属, 2008（10）：74-76.

［16］张贵文, 孙占学. 微生物堆浸技术的现状及展望［J］. 铀矿冶, 2009, 28（2）：81-83.

［17］Olson G J, Brierley J A, Brierley C L. Bioleaching review part B：Progress in bioleaching：applications of microbial processes by the minerals industries［J］. Applied Microbiology and Biotechnology, 2003, 63（3）：249-257.

［18］汪青梅, 邱木清. 微生物浸矿技术在处理低品位铜矿中的应用现状［J］. 湿法冶金, 2005, 24（1）：5-8.

［19］Helle S, Jerez O, Kelm U, et al. The influence of rock characteristics on acid leach extraction and re-extraction of Cu-oxide and sulphde minerals［J］. Minerals Engineering, 2010, 23（1）：45-50.

［20］Domic E M. A review of the development and current status of copper bioleaching operations in Chile：25 years of successful commercial implementation. In Biomining［M］. New York：Springer Berlin Heidelberg, 2007：81-95.

［21］李尚远, 陈明阳, 李春奎. 铀金铜矿石堆浸原理与实践［M］. 北京：原子能出版社, 1997.

［22］李小燕, 张卫民, 高曙光, 等. 微生物浸矿技术在处理低品位铜矿中的现状及发展趋势［J］. 中国矿业, 2007, 16（7）：91-93.

［23］王昌汉, 李开文. 细菌浸矿技术在我国的应用及其发展前景［J］. 铀矿冶, 1992, 11（4）：24-30.

［24］杨仕教, 古德生, 丁德馨, 等. 用原地破碎浸出采矿法回收柏坊铜矿残矿［J］. 有色金属, 2002, 54（4）：102-104.

［25］刘大星. 我国铜湿法冶金技术的进展［J］. 有色金属（矿山部分）, 2002, 54（3）：6-10.

［26］阮仁满. 紫金山铜矿生物堆浸工业案例分析［D］. 长沙：中南大学, 2011.

［27］孙业志, 吴爱祥, 黎建华. 微生物在铜矿溶浸开采中的应用［J］. 金属矿山, 2001（1）：3-5.

［28］徐茗臻. 湿法炼铜技术在江西铜业公司的应用［J］. 湿法冶金, 2000, 19（4）：26-30.

［29］吴爱祥, 王洪江, 尹升华, 等. 深层金属矿原位流态化开采构想［J］. 矿业科学学报, 2021, 6（3）：255-260.

［30］Li J H. Development and practice of in-situ leaching for uranium production in China［C］//

1st International symposium on in-situ modification of deposit properties for improving mining, Taiyuan, China, 2018.

［31］Bouazza A, Vangpaisal T. Gas Advective Flux of Partially Saturated Geosynthetic Clay Liners. In Advances in Transportation and Geoenvironmental Systems Using Geosynthetics ［M］. Denver, USA：American Society of Civil Engineers, 2000：54-67.

［32］Maciel F J, Jucá J F T. Laboratory and Field Tests for Studying Gas Flow Through MSW Landfill Cover soil. In Advances in Unsaturated Geotechnics ［M］. Denver, USA：American Society of Civil Engineers, 2000：569-585.

［33］Ba-Te. Flow of air-phase in soils and its application in emergent stabilization ［D］. Hong Kong：The Hong Kong University of Science and Technology, 2004.

［34］Blight G E. Flow of air through soils ［J］. Journal of Soil Mechanics and Foundations Divsion, 1971, 1997 (SM4)：607-624.

［35］Didier G, Bouazza A, Cazaux D. Gas permeability of geosynthetic clay liners ［J］. Geotextiles and Geomembranes, 2000, 18 (2)：235-250.

［36］Wang W, Rutqvist J, Görke U J, et al. Non-isothermal flow in low permeable porous media：A comparison of Richards' and two-phase flow approaches ［J］. Environmental Earth Sciences, 2011, 62 (6)：1197-1207.

［37］庞超明, 罗时勇, 秦鸿根, 等. 混凝土气体渗透性试验方法 ［J］. 东南大学学报 (自然科学版), 2014, 44 (6)：1235-1239.

［38］杨逾, 陈锋, 姚远, 等. 垃圾土气体渗透试验最佳进气压力 ［J］. 辽宁工程技术大学学报 (自然科学版), 2021, 40 (6)：525-529.

［39］彭绪亚. 垃圾填埋气产生及迁移过程模拟研究 ［D］. 重庆：重庆大学, 2004.

［40］曾刚, 王婧, 胡丹, 等. 降解和压缩作用下垃圾土气体渗透率非线性定量表征模型研究 ［J］. 三峡大学学报 (自然科学版), 2019, 41 (4)：35-39.

［41］余毅. 填埋垃圾体气体渗透特性及填埋气迁移过程模拟研究 ［D］. 重庆：重庆大学, 2002.

［42］魏海云, 詹良通, 陈云敏. 城市生活垃圾的气体渗透性试验研究 ［J］. 岩石力学与工程学报, 2007, 26 (7)：1408-1415.

［43］彭绪亚, 余毅, 刘国涛. 不同降解阶段填埋垃圾体的气体渗透特性研究 ［J］. 中国沼气, 2003, 21 (1)：8-11.

［44］邹春, 廖利. 垃圾填埋气气体横向迁移数学模型 ［J］. 环境卫生工程, 1998, 6 (3)：85-87.

［45］薛强, 梁冰, 孙可明, 等. 填埋气体迁移气-热-力耦合动力学模型的研究 ［J］. 应用力学学报, 2003, 20 (2)：54-60.

[46] 刘玉强, 黄启飞, 王琪, 等. 生活垃圾填埋场不同填埋方式填埋气特性研究 [J]. 环境污染与防治, 2005, 27 (5): 333-336.

[47] Powers W L. Soil-water movement as affected by confined air [J]. Journal of Agricultural Research, 1934, 49 (12): 1125-1133.

[48] Massmann J W. Applying groundwater flow models in vapor extraction system design [J]. Journal of Environmental Engineering, 1989, 115 (1): 129-149.

[49] Young A. The effects of fluctuations in atmospheric pressure on landfill gas migration and composition [J]. Water, Air, and Soil Pollution, 1992, 64 (3/4): 601-616.

[50] El-Fadel M, Findikakis A N, Leckie J O. Numerical modelling of generation and transport of gas and heat in landfills Ⅰ. Model formulation [J]. Waste Management and Research, 1996, 14 (5): 483-504.

[51] El-Fadel M, Findikakis A N, Leckie J O. Numerical modelling of generation and transport of gas and heat in sanitary landfills Ⅱ. Model application [J]. Waste Management and Research, 1996, 14 (6): 537-551.

[52] El-Fadel M, Findikakis A N, Leckie J O. Numerical modelling of generation and transport of gas and heat in sanitary landfills Ⅲ. Sensitivity analysis [J]. Waste Management and Research, 1997, 15 (1): 87-102.

[53] El-Fadel M, Findikakis A N, Leckie J O. Environmental impacts of solid waste landfilling [J]. Journal of Environmental Management, 1997, 50 (1): 1-25.

[54] 陈家军, 聂永丰, 王红旗, 等. 用于填埋场释放气体运移数学模拟的土柱导气实验研究 [J]. 环境科学学报, 2000, 20 (1): 59-63.

[55] 陈家军, 王红旗, 王金生, 等. 填埋场释放气体运移数值模型及应用 [J]. 环境科学学报, 2000, 20 (3): 327-331.

[56] Yang D Q, Rahardjo H, Leong E C, et al. Coupled model for heat, moisture, air flow, and deformation problems in unsaturated soils [J]. Journal of Engineering Mechanics, 1998, 124 (12): 1331-1338.

[57] Townsend T G, Wise W R, Jain P. One-dimensional gas flow model for horizontal gas collection systems at municipal solid waste landfills [J]. Journal of Environmental Engineering, 2005, 131 (12): 1716-1723.

[58] 苑莲菊. 工程渗流力学及应用 [M]. 北京: 中国建材工业出版社, 2001.

[59] 黄明清. 硫化铜矿生物堆浸气体渗流规律及通风强化浸出机制 [D]. 北京: 北京科技大学, 2016.

[60] 王昌进, 张赛, 徐静磊. 基于渗透率修正因子的气体有效扩散系数分形模型 [J]. 岩性油气藏, 2021, 33 (3): 162-168.

［61］ Orr S. Enhanced heap leaching. Part 1：Insights ［J］. Mining Engineering, 2002, 54 （9）：49-56.

［62］ Munoz J F, Rengifo P, Vauclin M. Acid leaching of copper in a saturated porous material：parameter identification and experimental validation of a two-dimensional transport model ［J］. Journal of Contaminate Hydrology, 1997, 27 （1/2）：1-24.

［63］ Cariaga E, Concha F, Sepulved M. Convergence of a MFE-FV method for two phase flow with applications to heap leaching of copper ores ［J］. Computer Methods Applied Mechanics and Engineering, 2007, 196 （25/26/27/28）：2541-2554.

［64］ Thom J R S. Prediction of pressure drop during forced circulation boiling of water ［J］. International Journal of Heat and Mass Transfer, 1964, 7 （7）：709-724.

［65］ Nastev M, Therrien R, Lefebvre R, et al. Gas production and migration in landfills and geological materials ［J］. Journal of Contaminant Hydrology, 2001, 52 （1）：187-211.

［66］ 张在海. 铜硫化矿生物浸出高效菌种选育及浸出机理 ［D］. 长沙：中南大学, 2002.

［67］ 尹升华. 浸出过程多相介质耦合作用机理及调控技术研究 ［D］. 北京：北京科技大学, 2010.

［68］ 赵阳升, 梁卫国, 冯子军. 原位改性流体化采矿导论 ［M］. 北京：科学出版社, 2019.

［69］ Casas J M, Martinez'J, Moreno L, et al. Influence of Bacterial Activity on Temperature, Oxygen Profiles and Leaching Rates in the Bioleaching of Copper Sulfide Ore Beds. In IBS 97：Proceedings of the International Biohydrometallurgy Symposium ［M］. Sydney, Australia：Australian Mineral Foundation, 1997.

［70］ Pantelis G, Ritchie A I M. Rate-limiting factors in dump leaching of pyritic ores ［J］. Applied Mathematical Modelling, 1992, 16 （10）：553-560.

［71］ Linklater C M, Sinclair D J, Brown P L. Coupled chemistry and transport modelling of sulphidic waste rock dumps at the Aitik mine site, Sweden ［J］. Applied Geochemistry, 2005, 20 （2）：275-293.

［72］ Bhappu R B, Johnson P H, Brierley J A, et al. Theoretical and practical studies on dump leaching ［J］. AIME Transactions, 1969, 244：307-320.

［73］ Bradley C P, Sohn H Y, McCarter M K. Model for ferric sulfate leaching of copper ores containing a variety of sulfide minerals：Part I ［J］. Modeling Uniform Size ore Fragments, 1992, 23 （5）：537-548.

［74］ Hector M L. Copper bioleaching behaviour in an aerated heap ［J］. Znternational Journal of Mineral Processing, 2001, 62 （1）：257-269.

［75］ Peter A S. 细菌氧化的关键参数——搅拌、通气、温度和砷 ［J］. 湿法冶金, 1994,

52（4）：32-34.

[76] Leahy M J, Davidson M R, Schwarz M P. A model for heap bioleaching of chalcocite with heat balance: Bacterial temperature dependence [J]. Minerals Engineering, 2005, 18 (13)：1239-1252.

[77] Mazuelos A, García-Tinajero C J, Romero R, et al. Oxygen solubility in copper bioleaching solutions [J]. Hydrometallurgy, 2016, 167：1-7.

[78] Huang M Q, Zhang M, Zhan S L, et al. Saturated dissolved oxygen concentration in in situ fragmentation bioleaching of copper sulfide ores [J]. Frontiers in Microbiology, 2022, 13：821635.

[79] Readett D J. Straits resources limited and the industrial practice of copper bioleaching in heaps [J]. Australasian Biotechnology, 2001, 11 (6)：30-31.

[80] Batty J D, Rorke G V. Development and commercial demonstration of the BioCOP™ thermophile process [J]. Hydrometallurgy, 2006, 83 (1)：83-89.

[81] Third K A, Cord-Ruwisch R, Watling H R. Control of the redox potential by oxygen limitation improves bacterial leaching of chalcopyrite [J]. Biotechnology and Bioengineering, 2002, 78 (4)：433-441.

[82] Brierley J A. A perspective on developments in biohydrometallurgy [J]. Hydrometallurgy, 2008, 94 (1)：2-7.

[83] Galleguillos P, Remonsellez F, Galleguillos F, et al. Identification of differentially expressed genes in an industrial bioleaching heap processing low-grade copper sulphide ore elucidated by RNA arbitrarily primed polymerase chain reaction [J]. Hydrometallurgy, 2008, 94 (1)：148-154.

[84] Gahan C S, Srichandan H, Kim D J, et al. Biohydrometallurgy and biomineral processing technology: A review on its past, present and future [J]. Research Journal of Recent Sciences, 2012, 1 (10)：85-99.

[85] 巫銮东, 赵永鑫, 邹来昌. 紫金山铜矿微生物浸出工艺研究 [J]. 采矿技术, 2005, 5 (4)：28-30.

2 溶浸液饱和溶解氧浓度试验

2.1 概　　述

硫化铜矿地表堆浸或者原地破碎浸出的堆场规模均较大，堆场中央及底部易处于低氧环境，导致嗜酸耗氧自养微生物的繁殖及矿石的浸出受到抑制[1-3]。在生物浸出过程中，强制通风带来的气体流动对铜浸出率和微生物生长有很大影响。气体渗流能为矿物和溶浸液的化学反应提供氧化剂 O_2、改善矿堆温度和氧气浓度分布、为微生物生长提供必要的 O_2 和碳源[4]。Kock等人[5]认为浸出体系的溶解氧浓度为 $1.5 \sim 4.1 mg/L$ 是保持微生物活性必须满足的条件。此外，Ceskova 等人[6]通过试验发现氧化亚铁硫杆菌在含氧充足的条件下生长量为 1.15×10^{11} 个/g。

然而，由于浸出周期长，且深部矿井的通风阻力急剧增加，氧气很难通过自然对流的方式在矿堆内扩散。Chen 等人[7]认为强制通风是有效供应氧气的一个重要技术手段，但仍存在有效风量低、功耗高和通风成本高等问题。因此，在通风设计时，需要考虑合适的通风强度，而不同浸出周期对应的溶浸液中的饱和溶解氧浓度是一个重要的设计指标。部分学者[8-10]发现氧气在液体介质中的溶解度受氧分压（p_{O_2}）、氧气自身性质、液体介质的组成和温度的影响。目前，国内外许多学者[11-12]在海水或盐溶液中测量饱和溶解氧浓度；而针对硫化铜矿原地破碎生物浸出，缺乏能准确预测溶浸液饱和溶解氧浓度的数学模型。

本章将开展不同因素不同水平组合条件下溶浸液的饱和溶解氧浓度测试试验。首先，以溶浸液温度、pH 值、Fe^{2+} 浓度、Fe^{3+} 浓度、Cu^{2+} 浓度为自变量，采用 5 因素 5 水平正交设计法，在 $30 \sim 50℃$ 的 $CuSO_4$-$FeSO_4$-$Fe_2(SO_4)_3$-H_2SO_4 溶液中进行饱和溶解氧浓度测量。其次，基于多元线性回归理论，采用 Python 编程语言对试验数据进行分析处理并得到溶浸液饱和溶解氧浓度计算模型。最终，结合硫化铜矿化学反应需氧量与浸矿微生物生长需氧量，建立生物浸出体系溶浸液需氧量计算模型。

2.2 试验材料与方法

2.2.1 试验药剂

试验溶液制备过程中所用药剂如表 2-1 所示。

表 2-1 溶液制备所用药剂

药剂名称	分子式	品级	用途	来　源
硫酸亚铁	$Fe_2SO_4 \cdot 7H_2O$	分析纯	制备剂	天津市致远化学试剂有限公司
硫酸铜	$CuSO_4 \cdot 5H_2O$	分析纯	制备剂	天津市致远化学试剂有限公司
硫酸铁	$Fe_2(SO_4)_3$	分析纯	制备剂	天津市致远化学试剂有限公司

2.2.2 试验装置

溶浸液饱和溶解氧浓度测试装置自行组装，如图 2-1 所示。测试装置主要有溶氧仪、测量电极、塑胶软管、氧气泵、溶氧瓶、恒温水浴锅、pH 计。

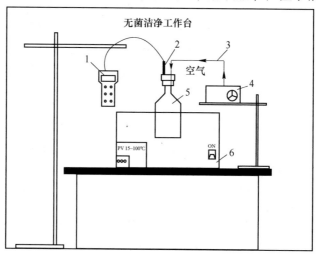

图 2-1 溶浸液饱和溶解氧浓度测试装置

1—溶氧仪；2—测量电极；3—塑胶软管；4—氧气泵；5—溶氧瓶；6—恒温水浴锅

饱和溶解氧浓度测量主要设备包括：

（1）溶解氧测量仪器。采用 AZ-8403 型手持式溶氧仪，量程范围为：$0.00 \sim 19.99$ mg/L，$0 \sim 50$℃，其外形如图 2-2（a）所示。

（2）氧气泵。采用 SB-948 四孔型氧气泵，最大气压 20kPa，气量 4×3 L/min，电压 240V，功率 8W，其外形如图 2-2（b）所示。

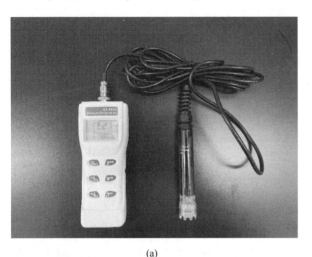
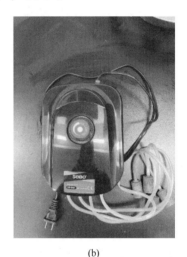

(a)   (b)

图 2-2   手持式溶氧仪与氧气泵

（a）AZ-8403 型手持式溶氧仪；（b）SB-948 四孔型氧气泵

（3）恒温水浴锅。采用 HH-4 型恒温水浴锅，有效容积 15L，工作温度 $25 \sim 100$℃，加热功率 800W，其外形如图 2-3（a）所示。

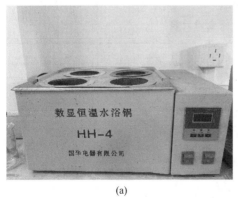
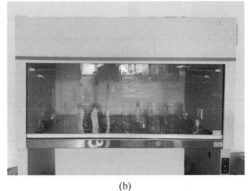

(a)   (b)

图 2-3   恒温水浴锅与洁净工作台

（a）HH-4 型恒温水浴锅；（b）SW-CJ-2FD 型洁净工作台

（4）洁净工作台。采用 SW-CJ-2FD 型洁净工作台，洁净度为 ISO 5 级，平均风速（0.33±0.03）m/s，照度 ≥300Lx，额定功率 500W，电压 220V，其外形如图 2-3（b）所示。

2.2.3　试验方案

本试验模拟硫化铜矿原地破碎浸出在高温条件下的溶浸液氧气浓度变化特征。选取 5 因素 5 水平正交试验设计，以溶浸液温度、pH 值、Fe^{2+} 浓度、Fe^{3+} 浓度、Cu^{2+} 浓度为 5 个影响因素。Vargas 等人[13]提出硫化铜矿生物浸出富液中的 TFe 和 Cu^{2+} 浓度分别在 0~8g/L 和 0~10g/L，因此，本试验在该浓度范围内均匀选取 5 种水平，测量 5 因素 5 水平组合条件下溶浸液的饱和溶解氧浓度。

2.2.3.1　正交试验设计

本试验涉及的因素在 3 个以上，且因素间可能存在交互作用，而正交试验设计是分式析因设计的主要方法，能有效解决试验工作量大、不易设计的难题。正交试验设计的主要工具是正交表，由于不存在 5 因素 5 水平正交表，故根据试验的因素数及因素的水平数，采用 $L_{25}(5^6)$ 正交表，该正交表最多可观察 6 个因素，每个因素均为 5 种水平，满足试验要求。选择合适的正交表后，再依托正交表的正交性从全面试验中挑选出部分有代表性的点进行试验，可以实现以最少的试验次数达到与大量全面试验等效的结果。根据试验要求，以溶浸液温度、pH 值、Fe^{2+} 浓度、Fe^{3+} 浓度、Cu^{2+} 浓度为 5 个影响因素，每个因素选取 5 种水平，5 因素 5 水平设计表如表 2-2 所示。

表 2-2　$L_{25}(5^6)$ 正交设计表

温度/℃	pH 值	Fe^{2+} 浓度/g·L^{-1}	Cu^{2+} 浓度/g·L^{-1}	Fe^{3+} 浓度/g·L^{-1}
30	1.5	0	0	0
35	2	1	3	1
40	2.5	3	5	3
45	3	5	8	5
50	3.5	8	10	8

2.2.3.2 试验方案

首先，按照各组离子浓度要求将适量五水硫酸铜、七水硫酸亚铁和硫酸铁药剂溶解在纯水中制备试验溶液，并使用 0.22μm 规格的微孔过滤器对溶液进行过滤。为确保硫酸铁完全溶解在水中，并达到所需的 pH 值，向溶液中适当添加 1:1 的硫酸，试验过程中使用 STARTER 3100 型 pH 计测量溶液 pH 值。由于硫酸铁、硫酸亚铁和硫酸铜均为强酸性电解质，个别组溶液实际 pH 值会低于设计值。其次，使用氧气泵向试验装置泵送空气至少 30min，并将溶氧瓶置于恒温水浴锅中直至达到各组设计温度。最后，使用配备温度和压力补偿的测量电极的 AZ-8403 型手持溶氧仪对溶液进行饱和溶解氧浓度测量并做好试验数据记录，溶氧仪每次使用时轻搅探头直至读数稳定。

2.3 溶浸液溶解氧浓度模型

液体介质中的氧气溶解度通常在 30℃ 和 101325Pa 氧分压环境下测量[10]，为揭示溶浸液中主要金属离子浓度、温度和 pH 值与饱和溶解氧浓度的关系，开展浸出体系不同温度条件下的溶浸液饱和溶解氧浓度测量，测量结果如表 2-3 所示。

表 2-3　溶浸液饱和溶解氧浓度测量

序号	温度/℃	pH 值	Fe^{2+}浓度 /g·L^{-1}	Cu^{2+}浓度 /g·L^{-1}	Fe^{3+}浓度 /g·L^{-1}	饱和氧溶解度 /mg·L^{-1}
1	30	1.5	0	0	0	7.14
2	30	2	1	3	1	7.2
3	30	2.25	3	5	3	7.05
4	30	2.27	5	8	5	6.82
5	30	2.41	8	10	8	6.51
6	35	1.5	1	5	5	6.73
7	35	2	3	8	8	6.69

序号	温度/℃	pH 值	Fe^{2+}浓度 /g·L^{-1}	Cu^{2+}浓度 /g·L^{-1}	Fe^{3+}浓度 /g·L^{-1}	饱和氧溶解度 /mg·L^{-1}
8	35	2.5	5	10	0	6.46
9	35	3	8	0	1	6.75
10	35	2.61	0	3	3	6.70
11	40	1.5	3	10	1	6.55
12	40	2	5	0	3	6.30
13	40	2.5	8	3	5	6.21
14	40	2.28	0	5	8	6.18
15	40	3.23	1	8	0	5.97
16	45	1.5	5	3	8	5.95
17	45	2	8	5	0	5.90
18	45	2.5	0	8	1	5.50
19	45	2.44	1	10	3	5.72
20	45	2.26	3	0	5	5.60
21	50	1.5	8	8	3	5.62
22	50	2	0	10	5	5.29
23	50	2.17	1	0	8	5.57
24	50	3	3	3	0	5.30
25	50	2.82	5	5	1	5.52

Python 编程语言是进行数据处理和分析的常用手段，通过数据训练，可以精准实现数据拟合、回归预测和模型选择等复杂算法。尤其是在曲面拟合

方面，Python 具有较高的拟合精度和灵活度。因此，基于最小二乘法，使用 Python 编程语言对 25 组正交试验的测量数据进行多元线性拟合分析，最终得到溶浸液饱和溶解氧浓度计算模型，如式（2-1）所示：

$$Y = 9.72 - 8.31 \times 10^{-2}X_1 - 3.71 \times 10^{-4}X_2 - 7.06 \times 10^{-3}X_3 -$$
$$2.47 \times 10^{-2}X_4 - 9.75 \times 10^{-3}X_5 \qquad (2\text{-}1)$$

式中，Y 为饱和溶解氧浓度，mg/L；X_1 为温度，℃；X_2 为 pH 值；X_3 为 Fe^{2+} 浓度，g/L；X_4 为 Cu^{2+} 浓度，g/L；X_5 为 Fe^{3+} 浓度，g/L。

基于多元线性回归分析理论，运行 Python 多元回归分析算法计算出该模型预测值与测量值的相对误差、残差值及拟合参数，结果如图 2-4 和表 2-4 所示。从图 2-4（a）可以看出测量值与预测值的相对误差小于 4% 的结果占比 76%。残差随机分布在零刻度线上下，多数位于 $-0.2 \sim 0.2$ 区间，没有异常点，表明模型预测精度高，如图 2-4（b）所示。P 为回归方程拒绝原假设的值，当 $P < \alpha$（取 0.05）时，表示回归系数显著，拒绝原假设（原假设是"溶浸液温度、pH 值、Fe^{2+} 浓度、Fe^{3+} 浓度、Cu^{2+} 浓度 5 种因素至少有 1 种与饱和溶解氧浓度无关系"），说明试验所取 5 种因素均对溶解氧浓度有影响作用；而 F 为检验回归模型显著性的参数，$F_{0.95}(5, 20)$ 是 α 取值 0.05、自变量为 5 个、自由度为 20 时的 F 比较标准，若 $F > F_{0.95}(5, 20) = 4.56$，则回归方程显著。从表 2-4 可以看出，模型的 P 值小于 0.0001，远小于 $\alpha = 0.05$，表明模型的回归系数显著；而模型的 F 值为 42.83，远大于 $F_{0.95}(5, 20) = 4.56$，表明该回归模型显著性高[14]。

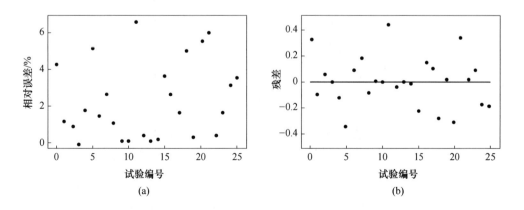

图 2-4　溶浸液饱和溶解氧浓度数学模型的相对误差(a)和残差(b)

表 2-4 模型的拟合参数

拟合参数	残差平方和	平均相对误差	F	P	R^2
数值	0.034	0.0226	42.83	<0.0001	0.966

为检验模型的拟合精度，将各组的设计值代入式（2-1）进行溶浸液饱和溶解氧浓度预测计算，如图 2-5 所示。结果表明，80% 的预测值无限接近于测量值，表明模型具有较高的拟合精度。试验所取的 5 种因素（温度、pH 值、Fe^{2+} 浓度、Cu^{2+} 浓度和 Fe^{3+} 浓度）与饱和溶解氧浓度呈显著线性相关性，且溶解氧浓度随温度和金属离子浓度的升高而降低。从图 2-5 可以看出，在 30 ~ 40℃ 温度区间内（试验编号 1 ~ 15），该模型对溶浸液饱和溶解氧浓度的预测精度更高，而嗜酸性氧化亚铁硫杆菌的生长温度通常为 30 ~ 40℃[15]，显然在浸矿微生物保持较高活性的浸出环境下，该模型对浸出富液中的饱和溶解氧浓度能达到精准预测。而与前人研究相比[10,16]，该模型（式（2-1））对深部硫化铜矿生物开采不同浸出周期的溶浸液饱和溶解氧浓度预测具有更高的准确性。

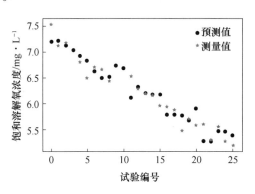

图 2-5 溶浸液饱和溶解氧浓度测量值和预测值的比较

2.4 单因素对溶解氧的影响

基于大量的试验分析与理论研究，Geng 等人[8,17,19]认为，温度对氧溶解度具有显著影响。Tromans[20]通过在不同温度环境下测量水中的氧溶解度，对氧溶解度理论模型进行了温度修正，如式（2-2）所示。

$$S_T^0 = S^0 e^{\frac{1336}{273.15+T} - \frac{1336}{303.15}} \qquad (2-2)$$

式中，T 为温度，℃；S_T^0 为不同温度下测得的氧溶解度，mg/L；S^0 为 30℃ 和 101325Pa 氧分压环境下纯水中氧溶解度，一般取 7.56mg/L。

　　因此，饱和溶解氧浓度计算模型中温度的相关系数是需要分析的一个重要参数。通过多元线性回归分析，计算出各因素与饱和溶解氧浓度的相关系数，如图 2-6 所示。Python 编程库中单因素相关系数的算法如式（2-3）所示。

$$r(X, Y) = \frac{Cov(X, Y)}{\sqrt{Var|X| \cdot Var|Y|}} \qquad (2-3)$$

式中，$r(X, Y)$ 为各因素与饱和溶解氧浓度的相关系数；$Cov(X, Y)$ 为设计值和测量值之间的协方差；$Var|X|$ 和 $Var|Y|$ 分别为设计值和测量值的方差。

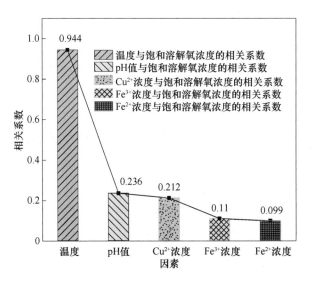

图 2-6　单因素与饱和溶解氧浓度的相关系数

　　从图 2-6 可以看出，温度与饱和溶解氧浓度的相关系数明显大于其他因素的相关系数，该值高达 0.944，这表明相比于其他因素，温度对氧气溶解度的影响更为显著。而与诸多学者所认为的一致，pH 值对氧溶解度的影响不大。值得提出的是，饱和溶解氧浓度随着溶液中金属离子浓度的增加而线性降低。与 Cu^{2+} 浓度相比，Fe^{2+} 浓度和 Fe^{3+} 浓度的变化对溶浸液中饱和溶解氧浓度的影响较小。有学者认为，亚铁离子和溶浸液之间的生物氧化反应限制了 Fe^{2+} 浓度、Fe^{3+} 浓度和 pH 值的变化。以辉铜矿的生物浸出为例，通过生物氧化化学计量学对该现象进行分析，如反应式（2-4）和式（2-5）所示。

$$4Fe^{2+} + O_2 + 4H^+ \xrightarrow{\text{细菌}} 4Fe^{3+} + 2H_2O \qquad (2\text{-}4)$$

$$Cu_2S + 4Fe^{3+} \longrightarrow 2Cu^{2+} + 4Fe^{2+} + S \qquad (2\text{-}5)$$

硫化铜矿的生物浸出主要有两种机理，一是通过生物酶促进矿物氧化，这是由微生物直接吸附在矿石颗粒表面作用的；二是微生物通过将 Fe^{2+} 氧化成 Fe^{3+} 的途径为矿物氧化反应提供氧化剂[21]。一般而言，相比于其他铜的硫化矿，辉铜矿易在溶浸液中氧化和溶解。硫化铜矿的生物浸出通常是铁离子的氧化和质子腐蚀共同作用的化学反应过程[22]。在 pH 值为 2~3 的浸出体系中，Fe^{3+} 主要以沉淀物的形式存在于溶浸液中。在酸性环境下辉铜矿以 Fe^{3+} 为氧化剂，通过多硫化合物途径溶解，导致 Fe^{3+} 被大量消耗，铜在微生物的催化作用下不断浸出，这是细菌生长和 Fe^{3+} 浓度动态平衡的结果。

2.5　多因素交互作用对溶解氧的影响

为探讨多因素组合对饱和溶解氧浓度的交互作用，采用多元相关关系分析方法计算不同因素组合的复相关系数。复相关系数的算法如下：

$$R = corr(Y, X_1, \cdots, X_5) = corr(Y, \widehat{Y}) = \frac{Cov(Y, \widehat{Y})}{\sqrt{Var|Y| \cdot Var|\widehat{Y}|}} \qquad (2\text{-}6)$$

式中，$corr(Y, \widehat{Y})$ 为 Python 编程语言中的复相关系数计算函数；$\widehat{Y}$ 为对设计值与测量值进行多元线性回归拟合的方程；$Cov(Y, \widehat{Y})$ 为测量值和拟合值之间的协方差；$Var|Y|$ 和 $Var|\widehat{Y}|$ 为分别为测量值和拟合值的方差。

在多变量之间的相关关系分析中，为探究温度对原地破碎生物浸出体系饱和溶解氧浓度的影响程度，分别计算温度影响下多因素组合的复相关系数（见图2-7）和剔除温度影响的多因素组合的复相关系数（见图2-8）。

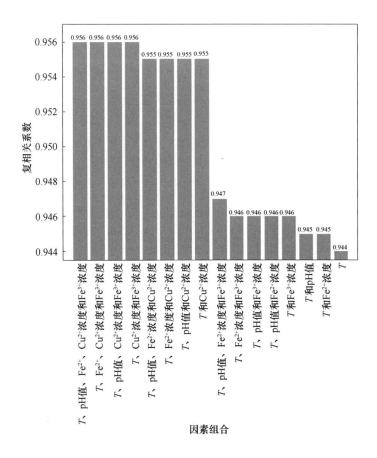

图 2-7 温度影响下多因素组合的复相关系数

考虑温度影响时，各因素组合与饱和溶解氧浓度的复相关系数均大于 0.944，而恒温条件下多因素组合的复相关系数明显降至 0.293 以下，表明温度对饱和溶解氧浓度的影响最为显著。从图 2-7 可以看出，组合 T 和 Cu^{2+} 浓度的复相关系数为 0.955，而 T 和 Fe^{3+} 浓度的复相关系数为 0.946，T 和 Fe^{2+} 浓度的复相关系数为 0.945，3 种组合的复相关系数依次减小。这表明，在该模型考虑的 3 种金属离子浓度中，Cu^{2+} 浓度对溶浸液饱和溶解氧浓度的影响最大。

从图 2-8 可以看出，仅考虑 Fe^{2+} 浓度、Fe^{3+} 浓度及二者共同作用时，各因素组合的复相关系数从 0.233 显著下降至 0.144。然而，考虑 pH 值和 Cu^{2+} 浓度的共同影响时，不同因素组合的复相关系数提高至 0.285~0.293，表明 pH 值和 Cu^{2+} 浓度对饱和溶解氧浓度的影响仅次于温度。Cu^{2+} 浓度、

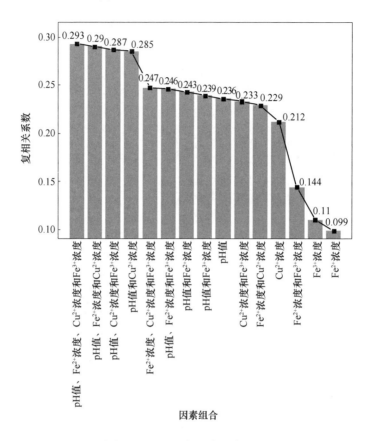

图 2-8 剔除温度影响的多因素组合的复相关系数

Fe^{2+}浓度和 Fe^{3+} 浓度与饱和溶解氧浓度的相关系数分别为 0.212、0.099 和 0.11,这表明无论是否考虑温度的影响,相比于溶浸液中其他金属离子浓度,Cu^{2+}浓度的变化对饱和溶解氧浓度的影响最显著。

2.6 温度和其他因素的联合效应

在生物浸出过程中,通风是调节矿堆温度的重要手段,合理改善温度分布能提高浸矿微生物的活性和数量,从而强化溶浸液与矿石的浸出反应。而在通风强度设计中,溶浸液饱和溶解氧浓度是未知且重要的参数,对其影响因素的分析是合理且必要的。根据上节分析,试验所取的 5 种因素均对溶浸液饱和溶解氧浓度有所影响。为探讨不同因素的联合效应对饱和溶解氧浓度的影响程度,基于最小二乘法(L-S),温度作为主要因素,其余各因素作为次要因素，将二元曲面近似模型加载至 Python 数据库中，并将试验数据代入二元曲面参数矩阵中进行曲面拟合运算。最终，共取 4 组两两因素组合与饱和溶解氧浓度关系的曲面拟合图，如图 2-9~图 2-11 所示。最小二乘法的算法如下：

$$\min f(X) = \sum_{i=1}^{m} \left[Y_i - f(X_i, w_i) \right]^2 \tag{2-7}$$

式中，m 为试验的样本量，取 25；X_i 为设计值；Y_i 为测量值；w_i 为上述函数值最小化的参数值。

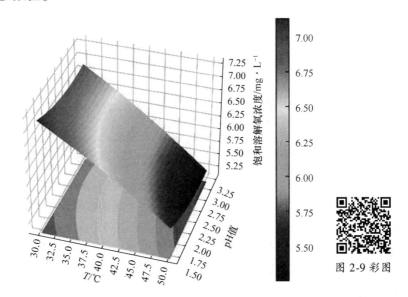

图 2-9 彩图

图 2-9　温度和 pH 值的联合效应对饱和溶解氧浓度的影响

从图 2-9 可以看出，温度和 pH 值组合与饱和溶解氧浓度的拟合曲面呈急倾斜状，在不同温度与 pH 值梯度下饱和溶解氧浓度呈明显分段波动变化，表明该组合的联合效应对溶解氧浓度有着显著影响，且随着温度和 pH 值的升高，饱和溶解氧浓度依次降低。在 30~40℃，溶解氧浓度随 pH 值的升高而降低。

这一效应不同于 Mazuelos 方程，后者认为溶解氧浓度随 pH 值的降低而降低[17]。这是因为 Mazuelos 等人仅在常温环境下对酸性水溶液进行饱和溶解氧浓度测量，只考虑了 pH 值的变化。然而，本试验在 30~50℃ 的 $CuSO_4$-$FeSO_4$-$Fe_2(SO_4)_3$-H_2SO_4 溶液中进行饱和溶解氧浓度测量，特别是考虑到温度对氧气在水中的溶解度有着强烈影响，此时，pH 值的变化所引起的效应相对减弱。值得注意的是，虽然 pH 值对溶解氧浓度影响不大，但 pH 值的变化与饱和溶解氧浓度明显呈线性相关关系且与温度的联合效应显著，这与其他研究[17]提出的观点一致。

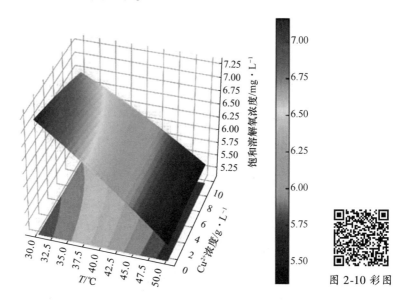

图 2-10　温度和 Cu^{2+} 浓度的联合效应对饱和溶解氧浓度的影响

从图 2-10 可以看出，温度和 Cu^{2+} 浓度组合与饱和溶解氧浓度的拟合曲面较温度和 pH 值的拟合曲面更为平缓，且溶解氧浓度波动幅度明显减小，这表明高温条件下溶浸液 pH 值的变化对饱和溶解氧浓度的影响大于 Cu^{2+} 浓度改变造成的影响，这与 2.4 节中单因素相关性分析一致。显然，当温度超过 40℃时，图中饱和溶解氧浓度变化幅度呈平行状，表明此时 Cu^{2+} 浓度的变化对溶解氧浓度的影响较小。而在 30~40℃时，各温度水平下 Cu^{2+} 浓度的变化对溶解氧浓度有显著的线性负相关影响。

从图 2-11 可以看出，Fe^{2+} 浓度和温度组合、Fe^{3+} 浓度和温度组合与饱和溶解氧浓度的拟合曲面相似。如 2.3 节所述，Fe^{2+} 浓度和饱和溶解氧浓度的相关系数与 Fe^{3+} 浓度和饱和溶解氧浓度的相关系数极为接近。但对比图 2-10 和图 2-11 可知，在 30~50℃的温度范围内，溶液中铁离子浓度的变化对饱和溶解氧浓度的影响小于 Cu^{2+} 浓度的影响。然而，Sasaki[23]等人认为在细菌对生物浸出的直接影响或间接影响中，铁离子起着重要作用，细菌能将 Fe^{2+} 氧化为 Fe^{3+}，从而为矿物的溶解提供氧化剂，导致浸出富液中 TFe 的浓度随生物浸出周期的增长而提高。因此，对应不同的浸出周期，溶浸液的温度、pH 值和金属离子浓度的变化是通风强度设计时所需要考虑的重要参数。

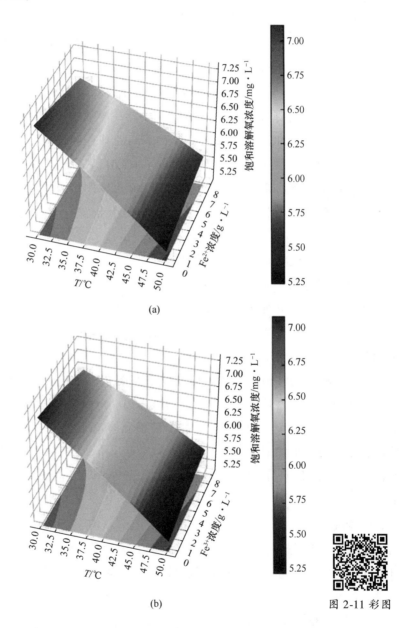

图 2-11　Fe^{2+} 浓度和温度组合(a)、Fe^{3+} 浓度和温度组合(b)的联合效应
对饱和溶解氧浓度的影响

2.7 浸出过程溶浸液需氧量模型

一般而言，硫化铜矿根据酸溶难度可分为两种[21]：一是铜蓝（CuS）和黄铜矿（CuFeS$_2$）这类含有足够硫，容易溶解于溶液中并生成硫酸盐的矿物，这类硫化矿对氧化存在一定抗力，但只要有氧气、硫酸、三价铁和浸矿微生物等氧化剂就可以形成可溶性生成物；二是辉铜矿（Cu$_2$S）和斑铜矿（Cu$_5$FeS$_4$）这类必须从外界获取足够硫才能在溶液中形成硫酸盐的矿物，这类硫化矿只有在氧化剂和溶浸液里含有游离酸共存的情况下才能溶解。在硫化铜矿浸出过程中产生的不溶性产物如 Cu（OH）$_2$、CuS、Cu 和 Cu$_2$O，要进一步氧化还需要酸和氧气。在含嗜酸好氧菌的酸性溶浸液作用下，硫化铜矿物被氧化溶解为可溶性金属离子，生成物中低价硫化物也被氧化成高价硫化物。

硫化铜矿的生物浸出根据矿物与溶浸液发生的化学反应最终产物及中间产物类型，可分为多硫化合物或硫代硫酸盐两种浸出途径。无论是通过何种途径溶解，氧气通常作为硫化矿反应所需的氧化剂，且反应生成的最终产物均含硫酸根离子，故硫化铜矿与溶浸液之间的化学反应需氧量可依据元素质量守恒定律进行计算。

根据溶浸液饱和溶解氧试验得到的饱和溶解氧浓度估算模型，可预测出自然通风条件下，在压力为 101325Pa、气温 30℃ 时空气中的氧在水中的溶解度仅为 7.46mg/L，浸出体系的溶浸液饱和溶解氧浓度为 5.52～7.2mg/L。然而，浸矿细菌的需氧量一般为 0.01～0.025mol/（L·h），其正常生命活动在自然通风条件下只能维持 58～144s，导致浸矿细菌的生长需求无法满足[24-25]。

在通风强度设计时，应合理分析溶浸液饱和溶解氧浓度与溶浸液需氧量之间的关系，避免通风强度过大导致动力消耗成本增加，从而造成无效通风。因此，根据上述分析可得出硫化铜矿生物堆浸体系需氧量计算模型如式（2-8）所示。

$$\begin{cases} S = \beta V_{\text{pls}} + (0.01 \sim 0.025)tV_{\text{m}}, & Y > \beta \\ S = \dfrac{Y \times 10^{-3}}{32} V_{\text{pls}} + (0.01 \sim 0.025)tV_{\text{m}}, & Y < \beta \end{cases} \tag{2-8}$$

式中，S 为生物堆浸体系需氧量，mol；β 为溶浸液需氧量，mol/m^3；V_{pls} 为浸出液的总体积，m^3；t 为浸出单位周期内未通风时间，h；V_m 为浸出体系浸矿微生物最大覆盖体积，L；Y 为根据式（2-1）计算得到的饱和溶解氧浓度预测值，mg/L。

参 考 文 献

［1］Li J X, Zhang B G, Yang M, et al. Bioleaching of vanadium by acidithiobacillus ferrooxidans from vanadium-bearing resources：performance and mechanisms ［J］. Journal of Hazardous Materials, 2021, 416：125843.

［2］黄明清. 硫化铜矿生物堆浸气体渗流规律及通风强化浸出机制 ［D］. 北京：北京科技大学, 2016.

［3］Young A. The effects of fluctuations in atmospheric pressure on landfill gas migration and composition ［J］. Water, Air, Soil Poll, 1992, 64 （3/4）：601-616.

［4］Dunbar W S. Biotechnology and the Mine of Tomorrow ［J］. Trends in Biotechnology, 2017, 35 （1）：79-89.

［5］Kock S H D, Barnard P, Plessis C A D. Oxygen and carbon dioxide kinetic challenges for thermophilic mineral bioleaching processes ［J］. Biochemical Society Transactions, 2004, 32 （2）：273-275.

［6］Ceskova P, Mandl M, Helanova S, et al. Kinetic studies on elemental sulfur oxidation by Acidithiobacillus ferrooxidans：sulfur limitation and activity of free and adsorbed bacteria ［J］. Biotechnology and Bioengineering, 2002, 78：24-30.

［7］Chen W, Yin S H, Ilankoon I. Effects of forced aeration on community dynamics of free and attached bacteria in copper sulphide ore bioleaching ［J］. International Journal of Minerals Metallurgy and Materials, 2022, 29：59-69.

［8］Geng M, Duan Z H. Prediction of oxygen solubility in pure water and brines up to hightemperatures and pressures ［J］. Geochimica et Cosmochimica Acta, 2010, 74 （19）：5631-5640.

［9］Haibara M, Hashizume S, Munakata H, et al. Solubility and diffusion coefficient of oxygen in protic ionic liquids with different fluoroalkyl chain lengths ［J］. Electrochimica Acta, 2014, 132：208-213.

［10］Tromans D. Modeling oxygen solubility in water and electrolyte solutions ［J］. Industrial & Engineering Chemistry Research, 2000, 39 （3）：805-812.

[11] Song T, Morales-Collazo O, Brennecke J F. Solubility and diffusivity of oxygen in ionic liquids [J]. Journal of Chemical & Engineering Data, 2019, 64 (11): 4956-4967.

[12] Weiss R F. The solubility of nitrogen, oxygen and argon in water and seawater [J]. Deep-Sea Research and Oceanographic Abstracts, 1970, 17 (4): 721-735.

[13] Vargas T, Estay H, Arancibia E, et al. In situ recovery of copper sulfide ores: Alternative process schemes for bioleaching application [J]. Hydrometallurgy, 2020, 196: 105442.

[14] Huang M Q, Wu A X. Numerical analysis of aerated heap bioleaching with variable irrigation and aeration combinations [J]. Journal of Central South University, 2020, 27 (7): 1432-1442.

[15] Niemel S I, Sivel C, Luoma T, et al. Maximum temperature limits for acidophilic, mesophilic bacteria in biological leaching systems [J]. Applied and Environmental Microbiology, 1994, 60 (9): 3444-3446.

[16] Clever H L. Sechenov salt-effect parameter [J]. Journal of Chemical & Engineering Data, 1983, 28 (3): 341-343.

[17] Mazuelos A, García-TinaJjero C J, Romero R, et al. Oxygen solubility in copper bioleaching solutions [J]. Hydrometallurgy, 2017, 167: 1-7.

[18] Fleige M, Holst-Olesen K, Wiberg G K H, et al. Evaluation of temperature andelectrolyte concentration dependent oxygen solubility and diffusivity in phosphoric acid [J]. Electrochimica Acta, 2016, 209: 399-406.

[19] Mehdizadeh M, Ashraf H. Oxygen solubility in water is highly dependent on temperature [J]. Retina, 1900, 27 (9): 1315-1321.

[20] Tromans D. Temperature and pressure dependent solubility of oxygen in water: a thermodynamic analysis [J]. Hydrometallurgy, 1998, 48: 327-342.

[21] Romano P, Blázquez M L, Alguacil F J, et al. Comparative study on the selective chalcopyrite bioleaching of a molybdenite concentrate with mesophilic and thermophilic bacteria [J]. FEMS Microbiology Letters, 2001, 196 (1): 71-75.

[22] Schippers A, Sand W. Bacterial leaching of metal sulfide proceeds by two indirect mechanisms via thiosulfate or via polysulfides and sulfur [J]. Applied and Environmental Microbiology, 1999, 65: 319-321.

[23] Sasaki K, Takatsugi K, Hirajima T. Effects of initial Fe^{2+} concentration and pulp density onthe bioleaching of Cu from enargite by Acidianus brierleyi [J]. Hydrometallurgy, 2011, 109: 153-160.

[24] Bromfield L, Africa C J, Harrison S T L, et al. The effect of temperature and culture

history on the attachment of Metallosphaera hakonensis to mineral sulfides with application to heap bioleaching [J]. Minerals Engineering, 2011, 24 (11): 1157-1165.

[25] Halinen A K, Rahunen N, Kaksonen A H, et al. Heap bioleaching of a complex sulfide ore: Part Ⅰ: Effect of pH on metal extraction and microbial composition in pH controlled columns [J]. Hydrometallurgy, 2009, 98 (1): 92-100.

3 矿堆气体渗透系数影响因素试验

3.1 概　述

浸出过程中的矿堆是一种气、液、固、菌、热等多相共存、多要素协调的多孔介质体系。浸矿微生物、溶浸液、氧气等物质扩散至反应区域并与矿石发生接触和反应是矿石浸出的前提条件，这要求矿堆保持良好的渗透性，而渗透效果主要取决于矿堆渗透性质及流体的物理性质。鉴于矿堆中流体（包括溶液及气体）的类型、浓度、密度、黏度等性质都处于相对稳定的范围，故不同工况下矿堆的渗透特性对矿石浸出起重要作用。

流体渗透特性主要通过渗透率及渗透系数来描述。目前，国内外学者对矿堆渗透特性的研究主要集中于溶液渗流方面，通过研究矿石级配、矿石制粒、筑堆方式、喷淋方式、喷淋强度等方式提高溶浸液在矿堆的渗透效果，对矿堆气体渗透特性的研究却较少见于公开报道。强制通风时，气流通常是从矿堆底部渗透至上部，与溶浸液的渗透方向恰好相反，气体与液体耦合作用时矿堆孔隙率及渗透特性会发生明显变化。因此，研究强制通风条件下不同影响因素对矿堆气体渗透系数的影响规律，对改善矿堆的浸出效果具有积极的工程价值。

本章将开展强制通风条件下多种影响因素对矿堆气体渗透系数的影响试验。首先，从紫金山铜矿采集和加工试验所需的矿石试样；其次，自行组装气体渗透系数测试装置，采用单因素控制变量法开展矿堆在不同通风强度、含水率、孔隙率、粉矿含量、压实密度及渗透方向条件下的气体渗透系数测试；最后，对多种影响因素作用下的矿堆气体渗透系数作分析与讨论，从而为改善堆浸中的强制通风效果提供技术支持。

3.2 试验材料与方法

3.2.1 矿石试样

矿样来自福建紫金山铜矿表外矿，矿石容重 2.27g/cm³，主要成分为石英、地开石和明矾石等，含极少量黄铁矿和辉铜矿。将矿石破碎、筛分至 -5mm 粒级，按 0.1~5mm 和 <0.1mm 粒径堆分，并在试验前密封备用。试验时，首先将矿石在 100~105℃ 温度下烘干至恒重，再按各组试验要求配置各种级配的矿堆。

3.2.2 试验装置

矿堆气体渗透系数测试装置自行组装，主要包括有机玻璃箱、微型气泵、U 型压差计、转子流量计、膜盒压力表、塑胶软管、支架、铜制阀门等。装置为相对封闭系统，有机玻璃柱靠近气泵一端用橡胶软管与转子流量计连接，另一端则套上带有排气口的橡胶顶盖。

试验主要设备及其基本参数为：有机玻璃柱共 4 根，柱体全长 550mm，外径 56mm，内径 50mm。玻璃柱上部为高 30mm 的出气层，中部为高 420mm 的装矿层，下部为高 100mm 的稳气层，其中稳气层与装矿层之间由多孔散气板连接，多孔板开孔率约 30%。在 PVC 柱体同一侧，从装矿层底部起 30mm、160mm、290mm 及 420mm 处各开一小孔，外接约 10mm 玻璃导气管，导气管及 U 型压差计之间用橡胶软管相连。U 型压差计一端用橡胶软管连接有机玻璃柱测压孔，另一端与大气相通。有机玻璃柱尺寸标识如图 3-1 所示。

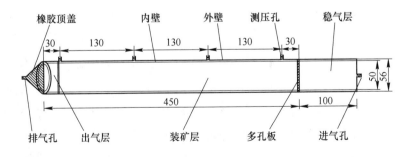

图 3-1 有机玻璃柱尺寸标识示意图（单位：mm）

微型气泵、U 型压差计、气体玻璃转子流量计及膜盒压力表基本参数如表 3-1 所示。组装好之后的试验装置如图 3-2 所示。

表 3-1 气体渗透系数测试主要设备参数表

编号	设备名称	型号	量程	厂 家
1	微型气泵	ACO-018	195L/min	慈溪市双平微型气泵厂
2	U 型压差计	JNDA	0~10000Pa	衡水旭丰仪器仪表有限公司
3	气体玻璃转子流量计	LZB-15	60~600L/h	南京大华仪器仪表厂
4	膜盒压力表	YE-100	0~40kPa	富阳博申自动化仪表厂

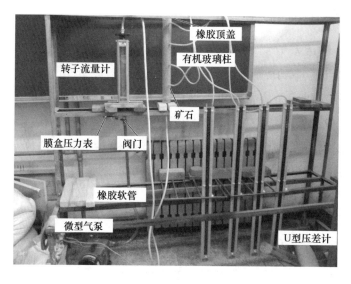

图 3-2 矿堆气体渗透系数测试装置图

3.2.3 试验方案

采用控制变量法设计试验，试验变量包括通风强度、矿堆含水率、矿堆孔隙率、粉矿含量及压实密度。试验时，每次只改变某一个因素，同时控制其余几个因素不变，以研究改变的这个因素对矿堆气体渗透系数的影响。试验中，定义水平方向渗透系数为气体渗透方向与重力方向垂直时的气体渗透系数，垂直方向渗透系数为气体渗透方向与重力方向相反时的气体渗透系数；本章主要考查矿堆的垂直方向气体渗透系数。

3.2.3.1 试验变量

试验变量取值范围如表 3-2 所示。其中，矿堆含水率指矿石在 100 ~ 105℃温度下烘至恒重时失去的水质重量与干颗粒质量之比值；矿堆孔隙率为矿堆颗粒间孔隙体积及颗粒内部孔隙体积之和与矿堆总体积的百分比；粉矿含量指矿堆中粒级<0.1mm 的粉矿质量占矿石总质量的百分比。

表 3-2 矿堆气体渗透系数试验变量设计表

编号	变量名称	设计取值范围
1	通风强度/L·h⁻¹	200, 250, 300, 350, 400
2	矿堆含水率/%	10, 15, 20, 25, 30
3	矿堆孔隙率/%	38, 40, 42, 44, 46, 48
4	矿堆粉矿含量/%	5, 10, 15, 20, 25
5	压实密度/g·cm⁻³	1.3, 1.5, 1.7, 1.9, 2.1

其中，矿堆含水率 ω、矿堆孔隙率 φ、矿堆粉矿含量 δ 及矿堆压实密度 ρ 的计算公式依次见式（3-1）~式（3-4）：

$$\omega = \frac{M_w}{M_s} \times 100\% \tag{3-1}$$

$$\varphi = \frac{V_s - V_z}{V_s} \times 100\% \tag{3-2}$$

$$\delta = \frac{M_f}{M_s} \times 100\% \tag{3-3}$$

$$\rho = \frac{M_s}{V_t} \tag{3-4}$$

式中，M_w 为水的质量，g；M_s 为矿石质量，g；V_s 为矿石总体积，cm³；V_z 为矿石固体颗粒的体积，cm³；M_f 为粉矿质量，g；V_t 为有机玻璃柱中矿石颗粒所占体积，cm³。

3.2.3.2 试验方案

根据控制变量法原理，依次开展不同通风强度、矿堆含水率、矿堆孔隙率、粉矿含量及压实密度条件下的矿堆垂直方向气体渗透系数测量试验。实际操作中，受计量设备稳定性、矿石物理化学性质等因素影响，通风强度、矿堆孔隙率及压实密度等变量的取值存在一定误差。控制变量法试验方案及试验顺序如表 3-3 所示。

表 3-3 矿堆气体渗透系数试验方案及顺序表

序号	通风强度 /L·h⁻¹	初始含水率 /%	矿堆孔隙率 /%	矿堆粉矿含量 /%	矿堆压实密度 /g·cm⁻³
1	250~450	14.7	40.2	15.3	1.74
2	400±50	10.4~29.7	39.6	15.2	—
3	400±10	15.6	37.7~47.7	14.5	—
4	400±10	15.3	41.4	5.4~24.9	—
5	400±10	14.8	—	15.4	1.18~1.84

3.2.4 试验过程

试验过程如下：

（1）按试验方案将筛分后的不同粒径矿石装入有机玻璃柱内，调整矿石级配并逐层压实，直至矿堆孔隙率达到设计值。记录装矿前、装矿后玻璃柱的质量，再根据试验设计加入相应质量的水，使水与矿石充分接触。准备不同含水率及粉矿含量的矿堆时，单独配置各组的矿石级配，以保证各组试验互不干扰。

（2）连接试验装置，确保所有试验装置安装稳固。打开空气泵，检查试验系统的气密性，待玻璃转子流量计读数稳定 3~5min 后开始测试。

（3）为了防止矿堆中的水在重力作用下外渗，试验前在有机玻璃柱底部施加一定气压。调节阀门，使通风强度及气压达到试验设计值，观察柱体出气口一端是否冒出气泡或排出水，待气流稳定后记录相应的气体流量 Q 及气压 p。

（4）每次试验做 3 组，调整试验参数，重复以上步骤，完成各组试验。

3.2.5 检测方法

试验中检测参数主要包括通风强度 Q（L/h）、U 型压差计的压差 Δp（Pa）、膜盒压力表的压力 p（kPa）。其中，通风强度（即气体流量 Q，L/h）通过玻璃转子流量计直接读出；U 型压差计的压差（Pa）由肉眼观察液压计两端压差读出，再按 $1mm\ H_2O = 10Pa$ 进行转换；压力（kPa）通过膜盒压力表显示屏直接读出。

3.3 通风强度对气体渗透系数的影响

当矿堆含水率为 14.7%，孔隙率为 40.2%，粉矿含量为 15.3%，通风强度分别为 250L/h、300L/h、350L/h、400L/h、450L/h 时，开展 3 组水平与垂直方向气体渗透系数测试试验，3 组试验平均值变化情况如图 3-3 所示。

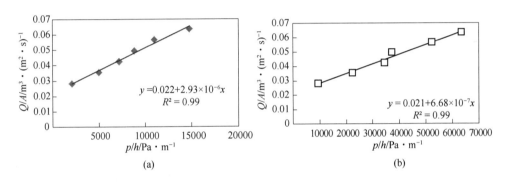

图 3-3 不同通风强度时矿堆水平及垂直方向气体渗透系数

（a）水平方向气体渗透系数；（b）垂直方向气体渗透系数

从图 3-3 可以看出，气体流量 Q 与介质横截面面积 A 的比值 Q/A 和矿堆装矿层的压力梯度 p/h 呈正相关，Q/A 随 p/h 的增加而线性增加，Q/A 与 p/h 比值即为强制通风条件下矿堆的一般气体渗透系数 K，其中水平方向的气体渗透系数 K_h 平均值为 $2.93 \times 10^{-6}\ m^2/(Pa \cdot s)$，垂直渗透系数 K_v 为 $6.68 \times 10^{-7}\ m^2/(Pa \cdot s)$，两者比值 $K_h/K_v = 4.38$。

Bouazza 等人[1-2]发现，施加于多孔介质体系中的气压小于 80kPa 时，气体渗透距离随着气压的升高而增大，此时气体渗流规律基本符合 Darcy 定律，而气压大于 200kPa 时气体渗流偏离 Darcy 定律。当矿堆通风强度为 250L/h、300L/h、350L/h、400L/h、450L/h 时，对应的气体压力仅为 3.6kPa、4.2kPa、5.3kPa、5.6kPa 及 6.6kPa，因此矿堆中的气体渗流遵循 Darcy 定律。根据 Darcy 定律，可以通过测量 Q/A、p/h 及流体黏度 μ 即可得到流体的渗透系数。然而，尽管气体流量 Q 的变化引起了压力梯度 p/h 的变化，但气

体渗透系数 K_h 及 K_v 并没有随气体流量 Q 的增加而提高，表明矿堆的渗透特性是一种取决于矿石散体本身的性质，在流体性质一定的情况下，主要与矿堆物理力学性质、孔隙率及孔隙结构有关，与外加因素无关。

3.4 含水率对气体渗透系数的影响

当矿堆孔隙率为 39.6%，粉矿含量为 15.2%，通风强度为 400L/h，含水率为 10.4%、14.6%、19.6%、25.1%、29.7%时，矿堆在垂直方向上的气体渗透系数变化规律如图 3-4 所示。

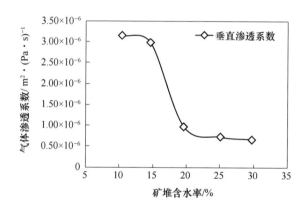

图 3-4 不同含水率时矿堆气体渗透系数变化规律

从图 3-4 可以看出，当含水率从 14.6% 过渡到 19.6% 时，矿堆的气体渗透系数从 $2.98 \times 10^{-6} m^2/(Pa \cdot s)$ 急剧减小到 $9.7 \times 10^{-7} m^2/(Pa \cdot s)$；当含水率大于 19.6% 时，气体渗透系数随着含水率的增加而缓慢下降。

紫金山铜矿石主要成分是石英、地开石和明矾石等非金属矿物，吸水性及保水性较弱，矿堆的饱和含水量通常小于 40%。当矿堆含水率小于 15% 时，颗粒间的孔隙尚未被水充满，气体在矿堆中形成曲折而又稳定的渗流通道，使柱体底部的气流能较顺利地通过孔隙通道上升至装矿层上部。这与 Kallel 等人[3] 的试验结果一致，即在较小的含水率范围内，含水率对较大粒径散体的气体渗透系数影响不大。

当矿堆含水率为 14.6%～19.6% 时，矿堆持水量逐渐达到一个稳定的极限值。魏海云[4] 发现，当城市生活垃圾孔隙比为 2.0～3.3 时，20kPa 气压力对应的垃圾体积含水量为 25%~35%；而 Jang 等人[5]的试验进一步表明，垃圾的最大持水量随孔隙比的减小而减小。由于矿堆的孔隙比远高于垃圾的孔隙比，因此其持水量也随之减小，此时，颗粒间的孔隙基本上被溶液充填，气流扩散通道受到堵塞，因此气体渗透系数急剧减小。

持水量是表征矿堆在一定压力和喷淋条件下能抵抗重力而稳定吸持的最高含水量。矿堆持水量主要与矿物亲水性、矿堆孔隙率、平均孔隙直径及孔隙形状有关，当孔隙尺寸较小、孔隙形状及绕曲度较复杂时，较大的孔隙率有利于提高矿堆的持水量。矿石含水率与孔隙率、饱和度之间的关系可用下式表示：

$$\theta_W = \frac{SV_v}{V} = \frac{Se}{1+e} \tag{3-5}$$

式中，θ_W 为矿石体积含水率，%；V_v 为矿石中被水充满的孔隙体积，cm^3；V 为矿石孔隙总体积，cm^3；S 为矿石饱和度，%；e 为矿石孔隙比。

由式 (3-5) 可知，当孔隙比一定时，矿堆含水率与饱和度呈正相关。当含水率大于 19.6% 时，矿堆饱和度随着含水率的增加而增加，但由于矿堆的持水量有限，故超过矿堆最大持水量时，多余的水只能在重力的作用下向下迁移至柱体底部，或者通过多孔板流出。因此，矿堆中的含水率达到矿堆最大持水量后，较难进一步提高矿堆含水率，且提高含水率并不能显著地减小矿堆的气体渗透系数。

3.5 孔隙率对气体渗透系数的影响

当矿堆含水率为 15.6%，粉矿含量为 14.5%，通风强度为 400L/h，矿堆孔隙率为 37.7%、40.2%、42.3%、43.6%、46.5%、47.7% 时，气体在水平方向及垂直方向的渗透系数变化规律如图 3-5 所示。

由图 3-5 可知，气体水平渗透系数及垂直渗透系数均随着矿堆孔隙率的增加而增加，且增加速率随着孔隙率的提高而增大。水平渗透系数是垂直渗透系数的 1.29~4.31 倍，但随着孔隙率的提高，两者之间的差距不断缩小。

矿堆孔隙率大时能提供较大的渗流断面，由于气体流量为渗流面积与气流速度之积，因此在相同的压力梯度条件下，单位时间内可通过的气体流量越大，对应的气体渗透系数也越大。同时，孔隙率增大时，矿堆中平均孔隙

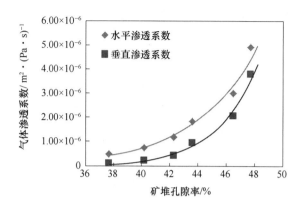

图 3-5 不同孔隙率时矿堆气体渗透系数变化规律

直径也往往较大，同时引起矿堆孔隙形状、尺寸、连通性等结构参数的改变，进而影响了气体渗透系数。此外，由于矿堆含水率仅为 15.6%，并未达到饱和状态，因此矿堆底部的气体可通过颗粒间及颗粒内部的孔隙向上形成较稳定的逆向流。孔隙率越大，含水率对孔隙的堵塞作用越弱，因此气体渗透系数越大，同时，水平方向与垂直方向的渗流系数差距也越小。

矿堆孔隙率与矿石粒径及颗粒级配有关，尽管矿堆孔隙率与流体渗透系数之间的函数关系尚未探明，但堆浸时应控制入堆矿石粒径及颗粒级配，使矿堆孔隙率与孔隙结构有利于溶液渗流及气体渗流的运移，以促进反应物质与矿石颗粒的接触和反应。

3.6 粉矿含量对气体渗透系数的影响

当矿堆含水率为 15.3%，孔隙率为 41.4%，通风强度为 400L/h，矿堆中粒径小于 0.1mm 的粉矿含量为 5.4%、11.2%、14.6%、21.3%、24.9% 时，气体水平方向、垂直方向上的气体渗透系数如图 3-6 所示。

图 3-6 表明，当粉矿含量从 5.4% 增加至 24.9% 时，气体水平渗透系数从 $8.02×10^{-6} m^2/(Pa·s)$ 下降至 $4.34×10^{-6} m^2/(Pa·s)$，垂直渗透系数从 $6.13×10^{-6} m^2/(Pa·s)$ 下降至 $3.34×10^{-6} m^2/(Pa·s)$，下降幅度分别为 46.9% 及 45.5%。水平渗透系数及垂直渗透系数都随粉矿含量的增加而近似线性地减小，且水平渗透系数的下降速率高于垂直渗透系数的下降速率。

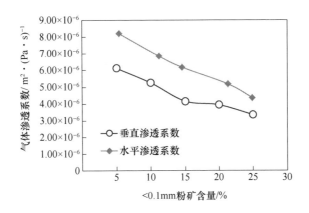

图 3-6 不同粉矿含量时矿堆气体渗透系数变化规律

堆浸中通常将 +5mm 的矿石称为粗颗粒矿，0.1~5mm 物料称为细颗粒矿，-0.1mm 物料称为粉矿[6]。粉矿对矿堆中渗流的阻碍作用体现在两方面：(1) 粉矿容易聚集在颗粒之间的孔隙内，在外力作用下，这种聚集提高了矿堆的压实度，减小了矿堆孔隙率，因此减小了气体流动通道；(2) 粉矿通常优先与溶浸液发生化学反应，形成胶状的化学沉淀附着在粗颗粒表面，阻碍溶浸液从颗粒表面向颗粒内部的扩散[7]。无论是物理堵塞还是化学沉淀，都会严重恶化矿堆的渗透特性，强制通风时，必须增大气压才能克服矿堆孔隙率减小带来的负面影响。

当粉矿含量从 5.4% 均匀地增加至 24.9% 时，柱内矿石颗粒排列形式与级配也随之变化，并进一步引进气体渗透系数较均匀地变化。粉矿含量较低时，矿堆中的粗颗粒起骨架作用，气体渗透系数主要受粗颗粒的影响。随着粉矿含量的增加，粗颗粒的骨架作用进一步降低，矿堆孔隙率及平均孔隙直径亦随之减小，气液渗流作用减弱。堆浸筑堆时，一般将粉矿含量控制在 30% 以下，粉矿含量高于 30% 时，通常采用制粒浸出或水洗分级的方法进行处理。

3.7 压实密度对气体渗透系数的影响

当矿堆含水率为 14.8%、通风强度为 400L/h、粉矿含量为 15.4% 时，分别考察压实密度为 1.39g/cm³、1.53g/cm³、1.68g/cm³、1.84g/cm³、

2.01g/cm³时矿堆在水平方向及垂直方向的气体渗透系数变化规律，结果如图3-7所示。

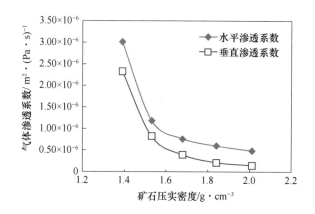

图 3-7 不同压实密度时矿堆气体渗透系数变化规律

从图 3-7 可以看出，随着矿石压实密度 ρ 的增加，气体水平渗透系数 K_h 及垂直渗透系数 K_v 都呈指数级减小，且两者衰减幅度较接近。矿堆气体渗透系数与压实密度的关系可近似用下式来拟合：

$$K_h = 4.82 \times 10^{-7} + 0.175e\frac{-\rho}{0.12}, \ R^2 = 0.99 \tag{3-6}$$

$$K_v = 1.55 \times 10^{-7} + 0.196e\frac{-\rho}{12}, \ R^2 = 0.99 \tag{3-7}$$

随着矿石压实密度的增加，气体水平渗透系数与垂直渗透系数的各向异性系数不断增大。压实密度为 1.39g/cm³ 及 2.01g/cm³ 时，水平渗透系数分别是垂直渗透系数的 1.29 倍及 3.31 倍。矿堆孔隙率随着压实密度的增加而减小，由于矿石颗粒是难压缩固体，因此压实密度改变时必定伴随着颗粒级配的剧烈变化，压实密度越大，则孔隙率越小，水平渗透系数与垂直渗透系数的各向异性也越明显。该结论与第 3.5 节的观察结果一致，证明了试验的可靠性。云南羊拉氧化铜矿的堆浸生产也说明，溶浸液渗透效果对矿堆的压实度非常敏感，机械翻堆、爆破翻堆等方式对减小矿堆密实度，改善气-液渗流具有积极的作用[8]。

参 考 文 献

[1] Bouazza A, Vangpaisal T. Gas advective flux of partially saturated geosynthetic clay liners

[C]//Advances in Transportation and Geoenvironmental Systems Using Geosynthetics, Denver, United States, 2000.

[2] Loiseau C, Cui Y J, Delage P. Air conductivity of a heavily compacted swelling clay-sand mixture [C]//Third International Conference on Unsaturated Soils, Recife, Brasil, 2002.

[3] Kallel A, Tanaka N, Matsuto T. Gas permeability and tortuosity for packed layers of processed municipal solid wastes and incinerator residue [J]. Waste Management & Research, 2004, 22 (3): 186-194.

[4] 魏海云. 城市生活垃圾填埋场气体运移规律研究 [D]. 杭州: 浙江大学, 2007.

[5] Jang Y S, Kim Y W, Lee S I. Hydraulic properties and leachate level analysis of Kimpo metropolitan landfill, Kore [J]. Waste Management, 2002, 22 (3): 261-267.

[6] 黄明清, 吴爱祥, 严佳龙, 等. 高碱低渗透性氧化铜矿渗透试验研究 [J]. 湿法冶金, 2011, 30 (3): 1-4.

[7] Miki H, Nicol M, Velásquez-Yévenes L. The kinetics of dissolution ofsynthetic covellite, chalcocite and digenite in dilute chloride solutions at ambienttemperatures [J]. Hydrometallurgy, 2011, 105 (4): 321-327.

[8] 王洪江, 吴爱祥, 顾晓春, 等. 高含泥氧化铜矿分粒级筑堆技术及其应用 [J]. 黄金, 2011, 32 (2): 46-50.

[9] 王洪江, 吴爱祥, 张杰, 等. 矿岩均质体各向异性渗流特性 [J]. 北京科技大学学报, 2009, 31 (4): 405-411.

[10] Arigala S G, Tsotsis T T, Webster I A, et al. Gas generation, transport and extraction in landfill [J]. Journal of Environmental Engineering, 1995, 121 (1): 33-45.

[11] 彭绪亚, 余毅, 刘国涛. 不同降解阶段填埋垃圾体的气体渗透特性研究 [J]. 中国沼气, 2003, 21 (1): 8-11.

4 强制通风条件下硫化铜矿
生物柱浸试验

4.1 概　　述

硫化铜矿生物堆场是气-液-固相互依存和相互耦合的体系，良好的气体渗透性及渗流环境是矿石高效浸出的必备因素之一。堆内气体渗透特性受矿石物理性质、级配组成、筑堆方式、喷淋制度及外部气候等因素影响，气流及气-液两相流在堆场的运移会改变堆内溶液渗流、浸矿微生物迁移及硫化矿物的浸出。自然通风条件下，气体仅靠对流传输、浓度扩散等方式难以进入堆场底部，从而形成不规则的浸出盲区，限制了微生物的生长繁殖，降低了矿石浸出率[1]。澳大利亚 Girilambone 铜矿、美国 Kennecott Chino 铜矿、智利 Quebrada Blanca 铜矿、加拿大 Denison 铀矿等矿山的堆浸实践均表明，堆场不同区域的强制通风技术能改善气-液渗流条件，提高浸矿微生物数量与活性，促进硫化矿的浸出。

强制通风技术的工程应用效果已受到国内外溶浸采矿界的广泛认可，但也有相反的案例，如紫金山铜矿的硫化铜矿在不通风的情况下得到了较高的 Cu 浸出率[2]，获得了巨大的商业成功。这一现象表明通风强化浸出的作用机理仍不明晰。因此，美国工程院院士 C. L. Brierley[3] 指出，堆浸生产中是否应该进行强制通风，以及通风强度的确定已成为制约溶浸采矿发展的关键技术问题。同样，另一名美国工程院院士 J. A. Brierley[4] 也曾在 IBS 2011 大会上提出疑问，如果引入强制通风技术的话，紫金山铜矿堆浸的技术指标是否会变得更好？通风强度及通风制度是强制通风的重要参数，尤其是通风强度直接影响到矿山的动力消耗和运营成本，合理确定通风强度值一直是堆浸生产的难题。

鉴于以上问题，本章将以紫金山铜矿的生物堆浸为背景，研究不同的通风强度对硫化铜矿浸出的影响行为。首先，从紫金山铜矿堆场分离、富集和驯化出一株适用于该矿浸出的嗜中温菌；其次，模拟紫金山铜矿的喷淋制度及浸出环境，以通风强度为变量开展 5 组强制通风条件下的生物柱浸试验；再次，检测并分析生物浸出过程中的 pH 值、电位、溶液渗流速率、矿堆孔隙率、Fe 的浸出及 Cu 浸出率的变化规律，探讨不同通风强度下的矿石浸出行为，从而合理地指导堆浸中的通风制度及通风强度。

4.2 试验材料与方法

4.2.1 矿石试样

矿石取自福建紫金山铜矿破碎口，用振动筛将矿石筛分成 −6mm 粒级备用。矿石中的金属矿物主要为黄铁矿，其次为辉铜矿、铜蓝及硫砷铜矿。矿石全铜品位为 0.62%，其中易浸的次生硫化铜矿占 89.13%，难浸的原生硫化铜仅为 3.42%。金属矿物以集合体产出，多呈脉状、细脉状、条带状及斑杂状等构造，容易裸露或解离，矿物学特征有利于生物浸出。矿石中的脉石主要为地开石、石英、明矾石等，伴随少量长石和绢云母，化学性质较稳定，不含耗酸脉石。原矿的化学成分组成、主要矿物组成及铜物相分析如表 4-1~表 4-3 所示。

表 4-1 紫金山硫化铜矿化学组成

编号	成分	质量分数/%	编号	成分	质量分数/%
1	Cu	0.62	10	SiO_2	73.62
2	As	0.038	11	SO_3	3.74
3	S	2.6	12	Au	0.18g/t
4	Fe	3.86	13	Ag	6.5g/t
5	K_2O	0.067	14	Pb	0.01
6	Na_2O	0.074	15	Zn	0.02
7	MgO	0.055	16	TiO_2	0.18
8	CaO	0.46	17	Mo	0.002
9	Al_2O_3	10.84	18	Co	0.0024

表 4-2 紫金山铜矿矿物组成

矿物种类	黄铁矿	辉铜矿	铜蓝	硫砷铜矿	石英	明矾石	地开石	绢云母
质量分数/%	5.8	0.64	0.38	0.16	65.62	12.12	15.2	0.08

表 4-3 紫金山铜矿铜物相分析

物相	次生硫化铜	原生硫化铜	氧化铜	总铜
质量分数/%	0.553	0.021	0.046	0.62
所占比例/%	89.13	3.42	7.45	100

4.2.2 浸矿微生物

从紫金山铜矿堆场地表采集的酸性溶液中培养和富集浸矿微生物, 取样点水温 26℃, pH = 2.6。采用 9K 培养基对酸性溶液进行微生物富集培养, 9K 培养基配置方法及成分为: K_2HPO_4 0.5g、$MgSO_4 \cdot 7H_2O$ 0.5g、KCl 0.1g、$Ca(NO_3)_2$ 0.01g、二次蒸馏水 700mL, 用 1:1 H_2SO_4 将 pH 值调为 2.0 左右, 将装好的培养基置于压力蒸汽灭菌器中进行 15min 的高温灭菌 (121℃); 取 $FeSO_4 \cdot 7H_2O$ 44.2g 溶于 300mL 二次蒸馏水, 用同样的方法将 pH 值调为 2.0 左右, 过滤除菌, 然后将两者混合。

将过滤后的酸性溶液 3 份各 10mL 分别装入灭好菌的 250mL 锥形瓶中, 锥形瓶内盛有 90mL 的 9K 培养基, 用 1:1 H_2SO_4 将溶液 pH 值调至 2.0 左右, 培养温度 30℃, 恒温振荡器转速 160r/min。观察培养过程中锥形瓶内的外观变化, 发现 6 天后锥形瓶中均有棕红色的沉淀生成, 同时培养液 pH 值经历由增大到减小的过程。经鉴定, 溶液中微生物是以氧化亚铁硫杆菌 (Acidithiobacillus ferrooxidans, 即 At.f) 为主的菌体群落, At.f 生长过程外观变化如图 4-1 所示。

在 9K 培养基中, 当观察到培养液由浅蓝色变成黄褐色且有沉淀时, 表示细菌生长已达到稳定期。此时, 在上一代中选择颜色最深、Fe^{2+} 转化率最高的菌种进行三代的富集培养。富集后的浸矿微生物按上一代 10%、9%、7%、5%、3% 和 1% 的接种量依次进行共 6 代的转代培养, 从而获得较纯的

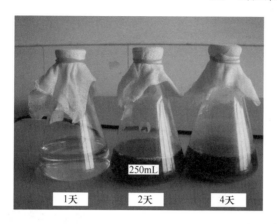

图 4-1 *Acidithiobacillus ferrooxidans* 生长外观图

菌种。接种量为 9%、5% 及 1% 时生长条件最好的浸矿微生物生长指标如图 4-2 所示。

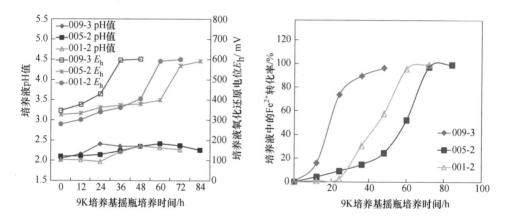

图 4-2 接种量为 9%、5% 及 1% 时微生物生长指标

驯化试验后，得到以 *At.f* 为主的浸矿微生物，生长周期为 2 天，最佳生长 pH 值范围为 2.0~2.4，最佳生长温度为 25~30℃，进入生长稳定期的氧化还原电位一般为 600~650mV。*At.f* 能利用 S^0 及还原型硫化合物进行有机化能自养，通过班森-达尔文循环固定大气中的碳源作为生长能源物质[5]。

4.2.3 试验仪器与设备

4.2.3.1 微生物培养仪器

生物柱浸试验中微生物培养主要仪器与设备包括：

（1）蒸馏水设备。采用不锈钢电热蒸馏水器，型号 TT-98-Ⅱ，生产能力 10L/h，电压 380V，功率 7.5kW，其外形如图 4-3（a）所示。

（2）灭菌设备。采用不锈钢手提式压力蒸汽灭菌器，型号 YX-280D-Ⅰ，灭菌桶容积 0.018m^3，工作压力 0.14MPa，最大安全压力 0.165MPa，工作温度 126~129℃，灭菌时间 15~20min，电压 220V/50Hz，功率 2kW，其外形如图 4-3（b）所示。

(a)　　　　　　　　　　　　(b)

图 4-3　蒸馏水器与蒸汽灭菌器

（a）TT-98-Ⅱ型蒸馏水器；（b）YX-280D-Ⅰ型蒸汽灭菌器

（3）微生物培养设备。采用立式恒温振荡器，型号 HZ-2111K-B，容积 72L，温度控制范围为 5~60℃，振荡频率 10~250r/min，温度精度为 ±0.1℃，电压 220V，外形如图 4-4（a）所示。

（4）微生物冷藏设备。采用医用冷藏箱，型号 YC-260L，容积 260L，电压 220V/50Hz，功率 215W，外形如图 4-4（b）所示。

（5）生物操作设备。浸矿微生物的培养、转代等试验的操作在无菌工作台中进行，工作台型号为美联邦 209E，如图 4-5 所示。洁净等级 100 级 ≥0.5μm，平均风速 0.32~0.66m/s。噪声 ≤65dbA，振动半峰值 ≤3μm，照度 ≥300Lx。电源为 AC 单相 220V/50Hz，工作室尺寸为 82cm×48cm×60cm。

(a)   (b)

图 4-4　微生物培养设备与冷藏设备

（a）HZ-2111K-B 型恒温振荡器；（b）YC-260L 型冷藏箱

图 4-5　微生物培养无菌工作台

4.2.3.2　柱浸系统设备

5 组柱浸（C1~C5）装置中，每组各配置 1 根自制有机玻璃柱（单层结构，长 600mm，外径 55mm，内径 50mm），1 个 15L 进液箱，1 个 15L 出液箱，若干条橡胶软管等。柱体上部 30mm 铺设粒径为 3~5mm 的鹅卵石过滤层，以利于溶浸液均匀渗透，中部 470mm 为硫化铜矿装矿层，下部 100mm

为稳气室。为了减少大气对浸出系统的影响，柱体顶部利用亚克力玻璃盖旋紧，玻璃盖中间设有小孔，并用橡胶软管与进液箱连接；柱体的稳气室底部利用橡胶软管与出液箱连接，侧面布置连接气泵导气管的进气口。生物柱浸系统如图 4-6 和图 4-7 所示。

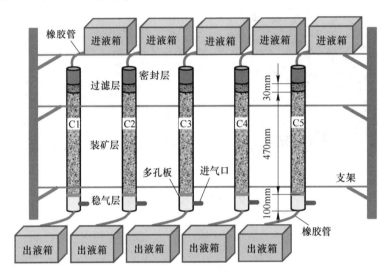

图 4-6　强制通风条件下硫化铜矿生物柱浸系统图

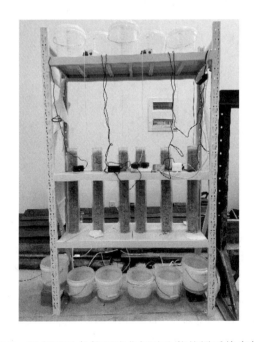

图 4-7　强制通风条件下硫化铜矿生物柱浸系统实物图

4.2.3.3 通风系统设备

通风系统设备包括 ACO-018 型微型气泵、LZB-6 型气体玻璃转子流量计、YE-100 型膜盒压力表以及配套的橡胶软管若干等。通风系统设备技术参数见第 3 章 3.2.2 节。

4.2.3.4 喷淋设备

喷淋采用 NKCP-B04B 型蠕动泵，流量 4~14mL/min，工作电压 12V，工作温度 0~40℃，工作湿度<80%。

4.2.3.5 检测设备

生物柱浸试验的主要检测设备及仪器包括：

（1）称量设备。采用两种电子天平，一种型号为 T5000，最大称量5000g，分辨率 0.1g，电压 220V/50Hz，功率 10W；另一种型号为 JA1003，称量范围 0~100g，分辨率 0.001g，稳定时间 3~5s，电压 220V/50Hz，功率3W。75000 型电子天平外形如图 4-8（a）所示。

（2）溶液 pH 值、氧化还原电位 E_h 测量设备。采用 660 型实验室 pH计，如图 4-8（b）所示，电极为 701 型三合一复合 pH 值电极，pH 值测量范围为 0~14，分辨率为 0.01；电位测量范围-200~200V，测量精度 1mV。pH计工作温度-5~105℃，pH 值温度补偿范围为 0~100℃，电源为 DC9V 型电源适配器。

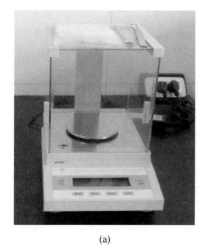
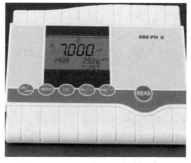

(a) (b)

图 4-8 称量设备与电位/pH 检测设备

（a）T5000 型电子天平；（b）660 型实验室 pH 计

（3）离子色谱仪。采用离子色谱仪测定溶液中的阴、阳离子浓度，色谱仪型号为 DX-120，如图 4-9（a）所示。DX-120 型离子色谱仪将高效等浓度淋洗分离和数字化电导检测器结合，可提供高灵敏度的分析方法。淋洗液流速 0.5~4mL/min，最小检测级别为 mg/L 和 μg/L 级，最大泵压 27.6MPa，电导检测器数据范围 0~1000μs。

（4）细菌浓度测量设备。采用 Axio Lab A1 型蔡司生物显微镜和血球计数板测定培养基中细菌的浓度，如图 4-9（b）所示。35W 卤素灯光源，3WLED 白光。配备 A-Plan、N-Achroplan、EC-Plan-Neofluar 物镜。目镜参数为 10×，视场数 20mm 或 22mm。

 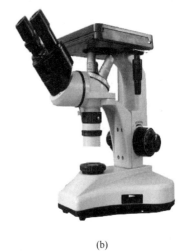

(a)   (b)

图 4-9 离子检测设备与微生物浓度检测设备

（a）DX-120 型离子色谱仪；（b）Axio Lab A1 型蔡司生物显微镜

（5）核磁共振成像系统。为了计算浸出前后浸柱不同位置的孔隙率，试验采用核磁共振成像及数字图像处理技术，通过浸柱的无损成像方法来获取矿堆孔隙结构分布特征。核磁共振成像系统型号为 Discovery MR750 3.0T，采用第三代孔径超导 3.0T 磁体，用 OpTix 射频技术、光学工程增加信号的清晰度和信号强度[6]。浸出前后图像获取参数为：切片厚度 4mm，缺口 0.4mm，视野 15cm×15cm。有效序列编码方式中，液体衰减反转恢复序列（T1 FLAIR）重复时间（TR）/回波时间（TE）/反转时间（IT）1814ms/28.5ms/750ms，带宽 31.2kHz；快速自旋回波脉冲序列（FRFSE）重复时间（TR）/回波时间(TE)1000ms/101.2ms，矩阵尺寸 128 像素×128 像素，带宽 90.9kHz。试验时柱浸扫描准备图如图 4-10 所示。

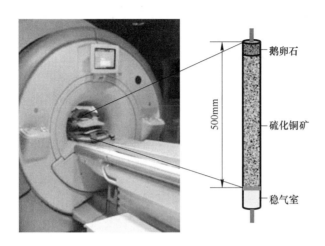

图 4-10　Discovery MR750 3.0T 型核磁共振成像系统

4.2.4　试验方案

硫化铜矿生物柱浸试验在 5 组（C1~C5）有机玻璃柱中进行，考察不同通风强度下微生物活性、铜浸出率等参数在浸出过程中的变化规律。矿石为紫金山铜矿原矿，粒径−6mm，C1 组试验中矿石的级配组成如图 4-11 所示。根据 C1 组各组筛下矿石质量及比例，直接配置 C2~C5 组的颗粒级配，使 5 组矿样具有相近的颗粒级配。

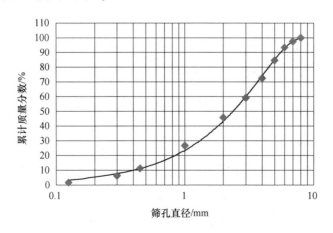

图 4-11　C1 组矿石颗粒级配曲线图

浸矿微生物采用从紫金山铜矿堆场分离得到的以 *Acidithiobacillus ferrooxidans*（简称 *At.f*）为主的浸矿菌种，细菌接种量 15%。溶浸液初始体积 10L，初始 pH 值 2.5，喷淋强度 240L/($m^2 \cdot h$)。为充分模拟紫金山铜矿的浸出环境，采用与现场类似的休闲喷淋作业制度，初期 3 天喷淋 1 天休闲，后期 2 天喷淋 2 天休闲。C1 组作为对照组，不进行强制通风，C2～C5 组每隔 2 天在喷淋休闲期从浸柱底部对矿石进行强制通风，通风频率 2 天/次，通风时间 2h/次，通风强度为 20～150L/h。5 组试验其余的初始条件如表 4-4 所示。

表 4-4 强制通风条件下硫化铜矿生物柱浸试验初始参数

试验编号	装矿高度 /mm	装矿重量 /g	细菌接种量 /%	喷淋强度 /L·($m^2 \cdot h$)$^{-1}$	通风强度 /L·h^{-1}
C1	470	1852.1	15	240	0
C2	470	1799.4	15	240	20
C3	470	1889.3	15	240	60
C4	470	1847.2	15	240	100
C5	470	1909.3	15	240	150

4.2.5 试验过程

试验过程如下：

（1）按设计重量将矿石颗粒均匀混合后装入 C1～C5 浸柱中，将浸柱固定在柱浸系统支架上，用橡胶软管连接好进液箱、玻璃柱及出液箱，用亚克力玻璃盖旋紧封闭柱体上端，以减少大气中的气体对流对试验精度的影响。使用耐酸型橡胶软管将浸柱与进液箱、出液箱连接；每组浸柱各配一个蠕动泵，蠕动泵与进液箱同样使用耐酸型橡胶软管连接。检查柱浸系统各部位的连接情况，确保连接完整性。

（2）先在各个进液箱中装 5L 浓度为 6g/L 的硫酸，并以一定的喷淋速率清洗矿石，以减少矿石中脉石矿物的干扰。然后，在进液箱中准备好配置好的溶浸液（细菌接种浓度 15%，初始 pH 值 2.5），将喷淋速率调整为 240L/($m^2 \cdot h$)。溶浸液在重力作用下流经鹅卵石过滤层及矿石层，并与硫化铜矿发生化学反应，浸出富液经橡胶软管流入出液箱。进液箱中溶浸液全部流出后，封住进液箱、集液箱及橡胶软管接口，将集液箱中的溶液重新回至进液箱进行循环浸出。

（3）按初期 3 天喷淋 1 天休闲、后期 2 天喷淋 2 天休闲的喷淋制度控制浸出过程中的喷淋量，每隔 2 天待浸柱中的浸出富液流尽之后，从稳定室侧面的进气口用橡胶软管连接气泵，按试验要求对矿堆进行 2h 强制通风。通风设备、流量控制及通风方式等内容见第 4 章 4.2 节。

（4）浸出过程中，每隔 4 天测量浸出富液的 pH 值、氧化还原电位 E_h，并检测 Fe^{2+} 浓度、Fe^{3+} 浓度及 Cu^{2+} 浓度；每隔 8 天测量溶浸液在矿堆中的渗流速率，每隔 12~20 天测量浸出富液中的微生物浓度。

（5）当浸出富液中的 Cu^{2+} 浓度保持相对稳定并不再增加时，表明铜浸出率已趋近最大值，此时停止试验，待有机玻璃柱中的溶浸液不再流出时，拆卸柱浸系统，对玻璃柱进行核磁共振成像处理，再对矿渣进行分析。

4.2.6　检测与计算方法

（1）检测浸出富液 pH 值及氧化还原电位 E_h(mV)。采用 SX-660 型 pH 计直接测量，参照电极为 Ag/AgCl。pH 值测量范围 0~14，分辨率 0.01；E_h 分辨率 1mV。

（2）检测金属离子浓度（g/L）。按试验方案定期取 5mL 浸出富液进行 Fe^{2+} 浓度、TFe 浓度及 Cu^{2+} 浓度测量，测量设备为 DX-120 离子色谱仪。采用液计浸出率计算法统计 Cu 浸出率，试验过程中取样及蒸发损失的溶液用等体积的去离子水补偿。

（3）检测细菌浓度（个/mL）。采用血球计数板直接计数法，主要设备为 Axio Lab A1 型蔡司生物显微镜。生物显微镜工作条件：LED 白光 3W，卤素灯 35W，EC-Plan-Neofluar 物镜，10 倍目镜。

（4）检测溶浸液渗流速率（L/s）。待进液箱中的溶浸液全部流出且矿堆中的溶浸液全部流入出液箱后，人工将出液箱中的浸出富液重新加入进液箱进行下一个循环浸出。溶浸液穿透矿堆并从底部稳定渗流后，测量单位时间内出液箱中新增的浸出富液体积，即可计算该循环中的溶浸液渗流速率。

（5）检测矿堆孔隙率（%）。采用核磁共振成像技术无损伤地探测浸出前后浸柱的孔隙结构，得到矿堆原始灰度图像，进而用孔隙结构图像处理方法提取孔隙结构参数信息，对获得的图像进行二值化处理，得到二值化孔隙图像。二值化孔隙图像为灰度图像，其中白色代表矿石颗粒间孔隙，黑色代表矿石颗粒。因此，矿堆孔隙率 ϕ 即为白色部分面积与二值化图像面积的比值，或者白色部分面积所占像素值与二值化图像所占像素值之比，如式 (4-1) 所示：

$$\phi = \frac{\text{孔隙所占像素值}}{\text{图像总像素值}} \times 100\% \tag{4-1}$$

4.3 浸出过程 pH 值、电位变化规律

生物柱浸过程中 C1～C5 组浸出富液的 pH 值及氧化还原电位 E_h，如图 4-12 所示。从图 4-12 可以看出，浸出富液 pH 值在浸出前 8～12 天内下降速率较快，随后以较稳定的速率持续缓慢下降。尽管初始 pH 值一样，但矿堆底部的通风强度越大，则初期 pH 值下降幅度越大，浸出富液最终 pH 值也越低。

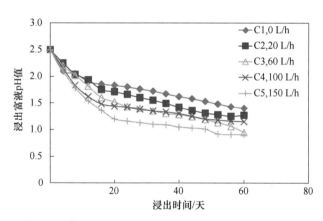

图 4-12 浸出富液 pH 值变化规律

浸出富液 pH 值主要受脉石含量及矿石溶解反应产生的酸量控制。试验中 pH 值较低的原因主要有两方面：一是紫金山铜矿脉石矿物主要由石英、地开石、明矾石等组成，此类脉石耐酸性好，几乎不含耗酸矿物，因此 pH 值会随浸出过程不断减小；二是 O_2 是硫化矿物溶解反应的氧化剂，加大通风量显然有利于为浸出系统提供更多的 O_2，而硫化矿物的浸出是一个产酸过程，因此浸出速率越快，同期 pH 值下降也越快。

图 4-13 表明，硫化铜矿生物浸出过程氧化还原电位呈现初期缓慢上升、中期急剧上升、后期稳中有升的特征，最终电位维持在 $804 \sim 851mV$ 区间。由能斯特方程可知，电位主要取决于溶液中 Fe^{3+} 与 Fe^{2+} 离子的比值 Fe^{3+}/Fe^{2+}，而该比值又与细菌数量及氧化能力有关[7]。浸出初期，细菌接种量较低，氧化 Fe^{2+} 为 Fe^{3+} 的能力有限；中期细菌生长逐渐进入对数生长期，硫化矿的溶解速率及 Fe^{3+} 浓度增长速率大大增加，因此电位急剧上升；后期细菌进入稳定期或衰亡期，且易浸的硫化矿已被浸出，因此 Fe^{3+}/Fe^{2+} 比值相对稳定。

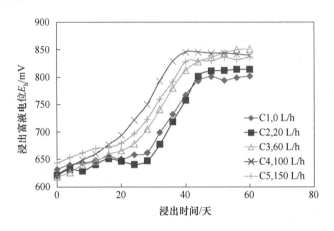

图 4-13 浸出富液氧化还原电位变化规律

4.4 矿堆渗流速率变化规律

生物柱浸过程中 C1～C5 组的矿堆渗流速率如图 4-14 所示。由图 4-14 可见，各组溶浸液的渗流速率均出现先上升后下降的过程，不通风时浸出末期溶液渗流速率为初期速率的 74.3%，而强制通风时浸出末期溶液渗流速率为初期速率的 92.6% 以上，且通风时 4 组渗流速率较接近。

浸出前 8～12 天，柱体骨架结构及孔隙结构受重力、水流等外力的压实、变形作用较小，溶浸液在矿堆中形成非饱和渗流。由于矿石颗粒间及颗粒内部的孔隙率分布不均匀，因此入渗流体在孔隙率较大的区域形成不规则、不稳定的优先流或指流现象。随着裂隙开度的变化，溶液在重力的作用下逐渐形成稳定与连续的渗流，导致浸出前期渗流速率的增大。

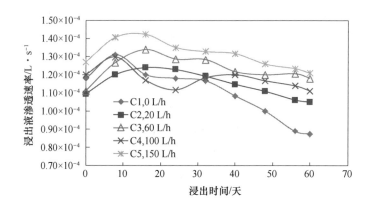

图 4-14　矿堆溶浸液渗流速率变化规律

　　随着浸出的进行，矿堆中粗、细颗粒间的相互约束力进一步减小，细颗粒在溶液的拖拽作用下向下迁移，并在孔喉通道较小的区域直接堵塞或形成桥堵。这种物理堵塞在浸出过程中动态发展，并一直延续到浸出结束，迫使溶浸液向其他区域迁移，因此导致溶浸液渗流阻力增大，渗流速率降低。此外，一方面，酸性的浸出剂会与矿石中的明矾石等中性脉石反应产生化学沉淀；另一方面，脉石溶解过程中形成难溶的氢氧化物或氧化物，而矿石氧化反应中也会生成黄钾铁矾、元素硫等化学沉淀。无论是物理板结还是化学沉淀，都会改变矿堆的粒级组成、降低孔隙连通性，从而减缓溶液渗透速率[8]。

　　然而，在 60 天的浸出周期内，对于初始孔隙率较相近的矿堆，自然风压及强制通风条件下的溶液渗流都始终保持了较高的速率，通风与不通风的差别较小，浸出后期的渗流速率只是略低于浸出前期，表明扩展孔隙率可能并不是强制通风促进矿石浸出的主要方式。这与张杰[1]的试验结果相近，即强制通风条件下孔隙率尽管有利于增大固-液界面接触面积及氧传质速率，但溶浸液渗流速率较高时，这种作用更容易被浸矿微生物的氧化作用所掩盖，从而无法直观地体现强制通风的作用。

4.5　浸出前后矿堆孔隙率变化规律

　　渗流速率是一项能有效反映矿堆孔隙率的指标。根据上节分析，尽管强制通风时浸出过程中的溶液渗流速率都大于自然通风条件下的同期渗流速率，但优势并不明显。为了进一步讨论这种现象，采用核磁共振成像及数字图像处理技术分析不同通风模式下矿堆不同位置的孔隙率变化规律，得到的 C1 组及 C5 组矿堆纵向剖面图及孔隙率分布图如图 4-15 所示。

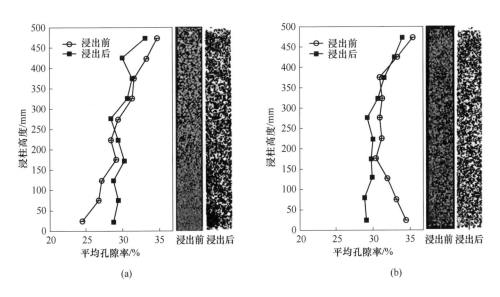

图 4-15 不同通风模式下矿堆浸出前后孔隙率分布图
（a）C1 组浸出前后矿堆孔隙率变化；（b）C5 组浸出前后矿堆孔隙率变化

从图 4-15 可知，浸出前矿堆自上而下颗粒级配分布较均匀，且平均孔隙率随着柱高的增加而略有增大。浸出 60 天后，自然通风（C1）及强制通风（C5）时矿堆 275mm 以上部分的平均孔隙率较浸出前均有所增大。自然通风时，浸出后矿堆中下部孔隙率逐渐减小，其中堆底孔隙率由浸出前的 28.8% 降低至 24.5%，堆底易成为溶液渗流的受限区。强制通风时，浸出后矿堆中下部孔隙率却明显比浸出前大，其中浸柱高度 175～275mm 时孔隙率增大 0.64%～1.2%，125mm 以下时孔隙率增大 2.02%～5.57%，且越靠近通风区域，矿堆平均孔隙率越大。

自然通风条件下，矿堆孔隙结构受物理板结及化学沉淀的作用而不断恶化，特别是生产中堆场高度、体积、浸出周期都比柱浸试验高出数个数量级，因此堆场孔隙率的恶化会大大降低溶液的渗透效果，甚至造成浸出的中断[9]。而强制通风能有效改善矿堆孔隙形状、尺寸、连通度等结构参数，一方面，通风能促进气、液、固三相的相互作用，打破原有的结构平衡与受力平衡，从而提高溶液渗流截面面积；另一方面，强制通风时产生气泡及气泡群，气泡群在堆内破裂时产生局部高温、高压及高速气流的复杂环境，在局部区域形成气流冲击波，这种振动作用减小了颗粒间的内摩擦力，促使孔喉内富集沉积的细颗粒出现跳动和迁移，从而改善了孔隙的连通性（见图 4-16）。

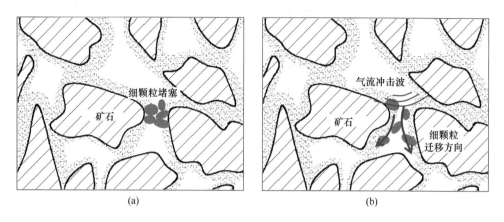

图 4-16　强制通风解除矿堆孔喉细颗粒堵塞示意图

（a）通风前孔喉被细颗粒堵塞；（b）通风后细颗粒迁移

堆场的溶液达到稳定渗流后，底部区域形成饱和区，溶浸液开始在饱和区滞留，不利于矿石的浸出。采用强制通风后，由于气含率的提高，饱和区将逐步过渡到非饱和区，停止通风后，堆场下部的浸出富液在压差及重力的作用下向下迁移，从而带动了堆场内渗流的整体迁移。此外，由于物理堵塞与化学沉淀最容易在堆场底部形成，而强制通风时气体渗流方向却是自下而上的，因此强制通风将首先优化堆场底部的孔隙结构，这种针对性、主动性的改善作用大大提高了溶浸液渗流速率与矿石浸出效果。

4.6　浸矿微生物浓度变化规律

浸出第 8 天、20 天、40 天时浸出富液的细菌浓度如图 4-17 所示。从图中可以看出，浸出初期细菌浓度都为 10^5 个/mL 数量级，但浸出 20 天后，通风强度大于 60L/h 时的细菌浓度始终保持在 10^6 个/mL 数量级，远高于不通风及通风强度仅为 20L/h 时对应的细菌浓度，表明通风与否及通风强度的大小对浸矿微生物的数量有直接影响。

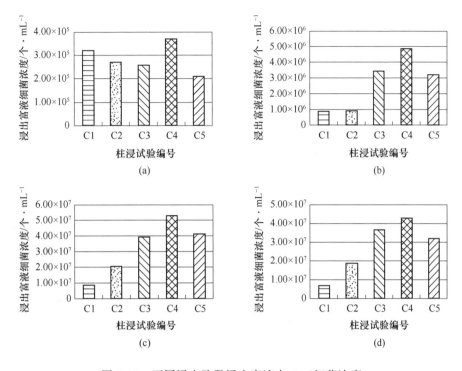

图 4-17　不同浸出阶段浸出富液中 $At.f$ 细菌浓度

（a）第 8 天时浸出富液 $At.f$ 细菌浓度；（b）第 20 天时浸出富液 $At.f$ 细菌浓度；

（c）第 40 天时浸出富液 $At.f$ 细菌浓度；（d）第 60 天时浸出富液 $At.f$ 细菌浓度

　　细菌的生长周期一般分为迟缓期、对数生长期、生长稳定期及衰落期，浸出前 8 天细菌逐渐适应浸出体系的环境，并在之后进入对数生长期，此时细菌活性高，由于浸出体系能源物质充足，细菌数量从 10^5 个/mL 数量级迅速增至 $10^6 \sim 10^7$ 个/mL 数量级。通风强度大于 60L/h 时，细菌浓度在浸出的末期仍保持较高的浓度，同时保持较高的 Fe^{3+}/Fe^{2+} 比值，表明细菌仍有较强的氧化能力。

　　$At.f$ 是一种典型的好氧化能自养微生物，能通过固定空气中的 CO_2 等无机物作为生长的基础物质能源，通过电子传递链的氧化磷酸化形式获得能量，而这一过程的电子受体通常是 O_2。浸矿微生物一般只能利用溶解氧，当浸矿体系中的氧气浓度低于 15%（即 1.1mg/L）时细菌生长会受到极大限制，而自然通风条件下溶浸液中的溶解氧含量却往往比细菌生长所需氧含量低两个数量级[10]，因此氧气浓度易成为细菌生长的限制性因素。强制通风能促进氧在浸出体系气-液界面的传质，使溶液中的溶解氧量及 CO_2 含量高于自然风压条件，从而缩短细菌进入对数生长期的时间，提高细菌的数量与活性。

4.7　浸出过程 TFe 浓度及 Fe^{2+} 浓度变化规律

生物柱浸过程 C1~C5 组浸出富液的全铁 TFe 浓度及 Fe^{2+} 浓度变化规律如图 4-18 所示。从图中可以看出，矿堆底部通风与不通风时 TFe 浓度及 Fe^{2+} 浓度变化规律基本相同，其中 TFe 浓度在浸出前期和中期不断增加，并在浸出末期保持相对稳定；而 Fe^{2+} 浓度的变化可分成持续上升、急剧下降及保持稳定等三个阶段；TFe 浓度及 Fe^{2+} 浓度差值，即 Fe^{3+} 浓度亦随浸出时间的增加而增加，并不断扩大 Fe^{3+}/Fe^{2+} 比值。

浸出富液中 TFe、Fe^{2+} 及 Fe^{3+} 主要来源于矿石中黄铁矿的溶解，FeS_2 是一种由金属离子轨道产生的价带的硫化矿。作为一种酸难溶性矿物，FeS_2 只能被 Fe^{3+} 腐蚀，并通过硫代硫酸盐机理浸出，浸矿微生物的作用主要是氧化 Fe^{2+} 为 Fe^{3+}，从而为 FeS_2 的溶解提供氧化剂。从图 4-18 也可以看出，TFe 浓度的变化规律与浸矿微生物的生长规律基本一致，且强制通风强度越大，浸出富液最终 TFe 浓度也越高。

紫金山铜矿堆浸中铁浸出率一般为 30%~40%[11]，而本试验中 C1~C5 组的 TFe 液计浸出率分别为 71.9%、66.8%、75.4%、79.5% 及 81.8%，两者差异很大。这主要是由于浸矿微生物的组成不同及较高的氧化还原电位导致的。紫金山堆浸体系中，浸矿微生物初期以 *Acidithiobacillus*、*Leptospirillum* 等嗜常温菌为主，中后期堆场内部温度升高，占优势的菌体群落逐渐演替成 *At. caldus*、*Sulfobacillus* 等中度嗜热菌，由于中度嗜热菌大多没有 Fe^{2+} 氧化功能，因此铁的浸出受到抑制。然而，本试验中的浸矿微生物 *Acidithiobacillus ferrooxidans* 具有 Fe^{2+} 氧化功能，因此能持续地促进 FeS_2 的溶解。此外，黄铁矿在 pH = 4 时的静止电位是 630~660mV，在有菌及无菌条件下的点蚀电位都为 704mV（SCE）[12]；由 4.3 节分析可知，浸出中后期浸出体系 E_h 远高于黄铁矿点蚀电位，因此为黄铁矿的氧化反应提供了良好的环境，导致了较高的黄铁矿浸出率。

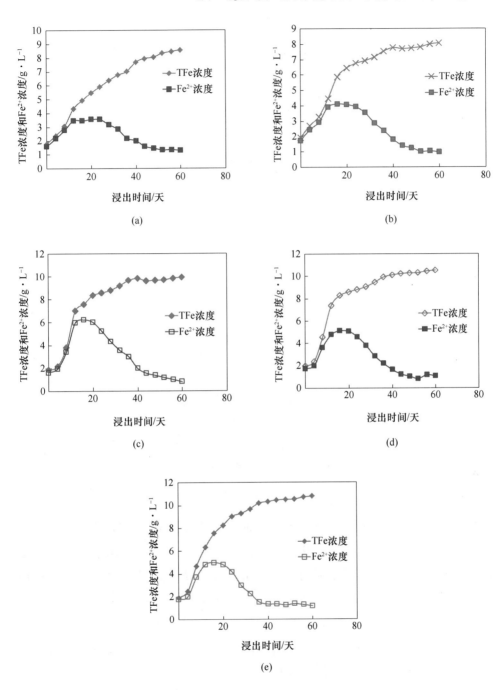

图 4-18　不同通风强度时浸出富液 TFe 浓度及 Fe²⁺浓度变化规律

（a）自然通风条件（C1）；（b）通风强度 20L/h（C2）；（c）通风强度 60L/h（C3）；

（d）通风强度 100L/h（C4）；（e）通风强度 150L/h（C5）

4.8 浸出过程 Cu 浸出率变化规律

生物柱浸过程中 C1~C5 组浸出富液的 Cu 液计浸出率变化情况如图 4-19 所示。由图 4-19 可知，5 组试验中 Cu 的浸出都依次经历迟缓、快速增长及相对稳定的过程，通风强度大于 60L/h 时 Cu 最终浸出率高于不通风或通风强度仅为 20L/h 时的 Cu 浸出率，其中通风强度为 100L/h 时 Cu 浸出率为 81.2%，比不通风时 Cu 浸出率（70.4%）高出 10.8 个百分点。

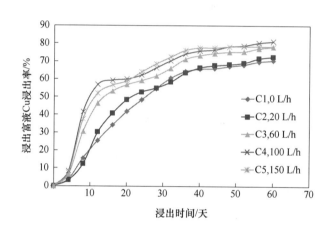

图 4-19　生物柱浸过程浸出富液 Cu 浸出率变化规律

浸出初期，细菌氧化活性及浸出体系中的 Fe^{3+} 浓度较低，因此浸出前 4 天的 Cu 浸出速率出现迟缓期，之后不通风及通风强度为 20L/h 时 Cu 浸出率稳定上升，直至第 40 天后出现相对稳定期，铜矿的浸出是细菌数量、Fe^{3+} 浓度动态平衡的结果。而通风强度 ≥60L/h 时，Cu 浸出率在第 4~20 天急剧增长，这是因为紫金山铜矿物以辉铜矿、铜蓝等次生硫化铜矿为主，这些矿物为酸溶性硫化矿，在酸性环境下以 Fe^{3+} 为氧化剂，通过多硫化合物途径溶解。之后，由于溶液中的 Fe^{3+} 被大量消耗，而且易浸的铜矿物已被浸出，因此 Cu 的浸出经历一个 8~12 天的平稳期。

第 24~44 天，Cu 浸出率再次出现较快速的增长，直到第 44 天后步入相对稳定期，表明铜蓝及部分原生硫化铜矿被进一步浸出。相对辉铜矿而言，铜蓝是较难浸出的矿物，浸矿微生物可直接吸附在矿石颗粒表面，并通过生物酶促进矿物的腐蚀与氧化。第 24 天后，细菌繁殖步入对数生长期及生长稳定期，较高浓度的细菌显然有利于铜蓝等矿物的浸出。

除了能提高浸矿微生物的活性及数量外，强制通风还有利于加快铜矿浸出速率，如浸出第 16 天时，不通风及通风强度为 20L/h 时的 Cu 浸出率分别为 34.1% 和 40.7%，而通风强度为 60L/h 以上时的 Cu 浸出率可达 53.2% 以上，且强制通风时 Cu 最终浸出率也有明显的优势。然而，当通风强度不小于 60L/h 时，C3、C4 及 C5 等 3 组试验中 Cu 最终浸出率非常接近，表明此时氧气浓度可能并非矿石浸出的限制性因素。

4.9　浸出过程氧气利用系数分析

浸出过程中，强制通风最重要的功能之一是向矿石溶解反应提供氧气，以满足化学反应对氧化剂的需求。工程上，辉铜矿等硫化铜矿堆浸时标准通风强度（标态）一般为 $0.08 \sim 2m^3/(m^2 \cdot h)$，而本试验中的通风强度多已超过该值，表明通入矿堆中的风量已大于矿物溶解的化学需氧量，其中仅有一部分转化为有效通风。

假设定义氧气利用系数 η 为单位周期内硫化铜矿浸出 Cu 的需氧量摩尔数与该周期内强制通风实际含氧量摩尔数之比，则 η 可用式（4-2）来表示，根据式（4-2）可得浸出过程中氧气利用系数，如图 4-20 所示。

$$\eta = \frac{v_{Cu} W (\beta_1 x_1 + \beta_2 x_2 + \beta_3 x_3)}{Q_g n y t_1 t_2} \times 100\% \qquad (4\text{-}2)$$

式中，η 为氧气利用系数，%；v_{Cu} 为浸出单位周期内矿石中的 Cu 浸出速率，mol/d；W 为标准状态下 1mol 气体所占体积，一般为 22.4L；β_1、β_2、β_3 分别为浸出 1mol 辉铜矿、铜蓝及硫砷铜矿所需的 O_2，$\beta_1 = 0.625$、$\beta_2 = 1$、$\beta_3 = 1.75$，mol；x_1、x_2、x_3 分别为浸出铜中辉铜矿、铜蓝及硫砷铜矿所占的物质的量的比例，%，$x_1 + x_2 + x_3 = 1$；Q_g 为柱浸试验中的通风强度，L/h；n 为浸出单位周期内的通风次数；y 为空气中 O_2 的体积分数，%；t_1 为每次通风时长，h；t_2 为浸出单位周期内的天数，天。

从图 4-20 可以看出，生物柱浸过程矿堆氧气利用系数变化规律与 Cu 浸出发展规律基本一致，即 Cu 浸出快速增长期的氧气利用系数高于迟缓期及稳定期。通风强度为 100L/h 及 150L/h 时浸出前期的矿堆氧气利用系数分别

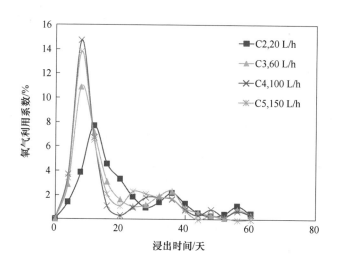

图 4-20 通风强化浸出过程矿堆氧气利用系数变化规律

高达 14.7% 与 13.8%，而通风强度为 20L/h 及 60L/h 时浸出后期的氧气利用系数却高于其他两组，表明浸出前期宜用较高的通风强度，而后期宜用较低的通风强度。

结合 Cu 最终浸出率可得，C2（20L/h）、C3（60L/h）、C4（100L/h）及 C5（150L/h）各组的矿堆氧气利用系数分别为 10.4%、3.91%、2.39% 及 1.59%，氧气利用系数随着通风强度的增大而减小。矿堆中较高的黄铁矿含量可能是氧气利用系数较低的主要原因之一，紫金山铜矿中的 Fe 与 Cu 的 mol 比值 $M_{Fe}/M_{Cu} = 7.12$，而每浸出 1mol Fe 需氧量为 3.5mol，约为 Cu 的 3.78 倍，即浸出 Fe 总需氧量为浸出 Cu 总需氧量的 26.92 倍，表明黄铁矿与硫化铜矿存在竞争性浸出关系，从而降低了矿堆氧气利用系数。

参 考 文 献

[1] 张杰. 充气强化的微生物浸出试验研究 [D]. 长沙：中南大学，2008.

[2] 巫銮东，赵永鑫，邹来昌. 紫金山铜矿微生物浸出工艺研究 [J]. 采矿技术，2005，5（4）：28-30.

[3] Brierley C L. Biohydrometallurgical prospects [J]. Hydrometallurgy，2010，104（3/4）：324-328.

[4] Brierley J A. Industrial applications of bioleaching and mineral biooxidation [C]//19th International Biohydrometallurgy Symposium，Changsha，China：2011.

［5］ 黄海炼，黄明清，刘伟芳，等．生物冶金中浸矿微生物研究现状［J］．湿法冶金，2011，30（3）：185-189.

［6］ 吴爱祥，薛振林，尹升华，等．基于核磁共振技术的矿岩散体结构及溶液分布研究［J］．中国矿业大学学报，2014，43（4）：582-587.

［7］ 王洪江，黄明清，王贻明，等．极端嗜热硫杆菌浸出黄铁矿［J］．北京科技大学学报，2013，35（7）：850-855.

［8］ Huang M Q，Wang Y M，Yin S H，et al. Enhanced column bioleaching of copper sulfides by forced aeration ［C］//Proceedings of the 21st International Biohydrometallurgy Symposium，Bali，Indonesia，2015.

［9］ 严佳龙，吴爱祥，王洪江，等．酸法堆浸中矿石结垢及防垢机理研究［J］．金属矿山，2010，412（10）：68-72.

［10］ 袁明华，李德，普仓风．低品位硫化铜矿的细菌冶金［M］．北京：冶金工业出版社，2008.

［11］ Ruan R M，Liu X Y，Zou G，et al. Industrial practice of a distinct bioleaching system operated at low pH，high ferric concentration，elevated temperature and low redox potential for secondary copper sulfide ［J］. Hydrometallurgy，2011，108（1/2）：130-135.

［12］ Mehta A P，Murr L E. Fundamental studies of the contribution of galvanic interaction to acid-bacterial leaching of mixed metal sulfides ［J］. Hydrometallurgy，1983，9（3）：235-256.

5 堆场气体渗流机理与渗流规律

5.1 概　　述

堆场中的渗流是溶浸液、金属离子、浸矿微生物、热量及能量的载体，是堆场中的气、液、固三相连接与反应的桥梁，因此，保持堆场中渗流的稳定性与流畅性是矿石浸出的基本条件。作为浸矿微生物生长重要的能源物质与硫化矿溶解反应的氧化剂来源，气体渗流不仅对矿石浸出速率有直接影响，而且对堆场的热量平衡及微生物迁移有积极意义[1]。然而，过去几十年来，业界学者通常重点研究堆场中的溶液渗流，通过溶液迁移规律探讨溶浸液对矿石浸出过程的影响，而较少报道堆场气体渗流机理与规律[2]。

目前，多孔介质体系气体渗流规律的研究主要集中在猪粪好氧堆肥及城市垃圾填埋体等方面[3-6]，这些研究对堆场中的气体传输与渗流有重要的借鉴意义。然而，堆场中的孔隙率、含水率、热量平衡、气体来源、气体成分、气体消耗方式均与堆肥体、填埋体有显著区别。因此，在前人的研究基础上，开展堆场气体渗流机理与渗流规律的研究，有助于理解堆场中气体的运动过程及其与堆浸体系的交互作用过程，再结合硫化铜矿生物柱浸试验结果，可进一步为合理解释通风强化矿石浸出的作用机制奠定基础。

本章将首先分析硫化铜矿生物堆浸场的气体渗流场特征及气体渗流机理；其次，将建立以气体连续性方程、气体运动方程、气体状态方程为核心的气体渗流控制方程；再次，分别对自然通风及强制通风条件下的气体稳定、非稳定渗流场进行求解；最后，在分析堆场气-液形态及气体渗流速率的基础上提出强制通风施工气压范围，从而为建立以气体流量或施工气压为监测指标的强制通风技术提供合理建议。

5.2 堆场气体渗流场特征与渗流机理

5.2.1 堆场气体渗流场特征

生物堆浸时，堆场由固相、液相及气相共同组成，其中矿石颗粒组成堆场的骨架，溶液渗流在重力的作用下向下流经堆场并与矿石发生反应，气体渗流自边坡底部向上运移并在堆场表面逸出。尽管溶液渗流与气体渗流的运动方向、速度、渗透系数及可压缩性等物理力学参数都存在差异，但在多孔介质体系中都遵从类似的渗流定律，因此可用类似的方法来分析溶液及气体渗流的特征。

周世宁等人[7]按多孔介质中渗流的时间流向及空间流向对流体类型进行了划分。根据渗流场随时间变化的稳定性情况，将流场分成稳定流场及非稳定流场。稳定流场即堆场内不同位置上的溶液或气体渗流的运动方向、速度及压力均在不同的浸出周期内保持相对稳定，而非稳定流场中的以上因素却随时间的变化而变化。浸出中，无论是自然通风还是强制通风条件下，堆场固体骨架会在浸出过程中发生沉降、变形及堵塞，堆场中的孔裂隙尺寸也会不断发生演化，进而影响其中的气体渗流，因此，堆场中的气体渗流总体上为非稳定流场，但在局部区域的某段时间内可形成稳定流场。

根据流场的空间流向，堆场中的气体流场可分为单向流动、径向流动及球向流动三类。单向流动指堆场内的气体向同一个方向作一维流动，相邻流场形成同向平行的流场（见图5-1）。径向流动指气体向空间的两向作流动，在第三个方向流速为0，在流动平面上形成环状的压力梯度（见图5-2）。球向流动指气体在堆场的三维方向上均有流动，以流体单元为球心，在其周围形成近似的球状等压线，且流体呈放射状向外扩散（见图5-3）。

生物堆浸体系为各向异性的多孔介质体，从矿堆气体渗透系数测试试验中可以看出，气体在压力梯度作用下在堆场中作三维的球状流动，气体渗透系数随着气体渗透方向与水平方向夹角的变化而变化，其中垂直方向上的气体渗透系数最小。因此，堆场中的气体渗流作三维方向上的球向流动。

综上所述，气体渗流在堆场中主要形成球向流动的非稳定流场，但在局部区域的某段时间内会形成稳定流场。

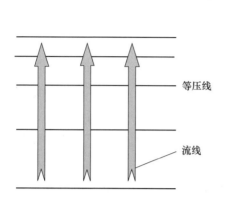

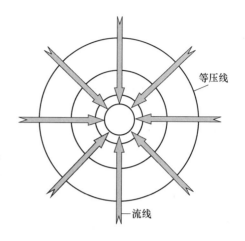

图 5-1 堆场中气体渗流的单向流动　　图 5-2 堆场中气体渗流的径向流动

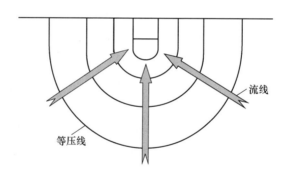

图 5-3 堆场中气体渗流的球向流动

5.2.2 堆场气体渗流机理

在溶液侵蚀及微生物的氧化作用下，堆场矿石中的固态矿物不断溶解成可溶性的金属离子，其中，气体渗流在其中扮演着不可忽略的作用，堆场中气体的传输通常伴随着能量的转移、热量的变化及微生物的迁移。堆场中气体的渗流机理主要分成以下几种。

5.2.2.1 对流传输

堆场内部存在气体压力梯度，因此会形成气体对流（advection），在强制通风作用下，气体对流作用表现得更明显。对流传输是堆场中气体渗流的主要模式。

5.2.2.2 浓度扩散

自然通风或强制通风条件下，气流进入堆场后呈球状扩散（diffusion），堆场的各向异性特征及气体在不同位置消耗速率的差异，使矿堆原来滞留的气体产生了密度梯度，气体以浓度差为动力进行化学扩散，并使物质组分从高浓度区域转移到低浓度区域。

气体在多孔介质中的扩散类型可分为 Fick 扩散、过渡型扩散、Knudsen 扩散及表面扩散，且孔裂隙尺寸不同时主要的扩散类型也不同[8]。堆场中矿石颗粒之间的孔裂隙尺寸可能存在数量级的差异，孔裂隙从小到大时，气体依次以表面扩散、Knudsen 扩散、过渡型扩散、Fick 扩散为主要扩散方式，且 4 种扩散类型的扩散系数都受矿石颗粒曲折因子及表面孔隙率的共同影响。

表面扩散指气体的分子、原子在矿石颗粒表面的化学势梯度、气体浓度梯度的作用下，沿着颗粒表面所作的运动。表面扩散分成三种类型，一是跳跃模型，指吸附分子在活化能的作用下克服点位之间的障碍跳跃至相邻点位的传质过程；二是不规则行走类型，指气体分子在孔裂隙空间作无规律的运动；三是流体力学模型[9]，指把吸附气体作为液膜层，并在压力的推动下沿着颗粒表面滑移。气体表面扩散如图 5-4 所示。

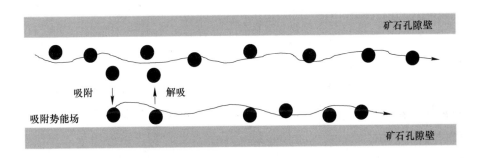

图 5-4 堆场气体渗流的表面扩散示意图

Knudsen 扩散一般发生于压力较低、孔裂隙较小的堆场区域，扩散过程中气体分子与颗粒间或颗粒内的孔隙壁不断发生碰撞。通常，气体的扩散受到孔裂隙尺寸的严格限制，孔裂隙直径即为气体分子扩散的最大距离。Knudsen 扩散的发生与否与 Knudsen 数 k_n 有关，当 $k_n > 10$ 时 Knudsen 扩散才显现。Knudsen 数 k_n 及 Knudsen 扩散系数 D_k 分别用以下方程表示：

$$k_n = \frac{\lambda}{d} \tag{5-1}$$

$$D_k = \frac{\theta d}{3\delta}\sqrt{\frac{8RT}{\pi M}} \tag{5-2}$$

式中，λ 为气体分子平均自由程；d 为矿石孔隙的当量直径；θ 为矿石颗粒有效表面孔隙率；δ 为矿石颗粒孔裂隙曲折因子；M 为气体质量；R 为气体常数；T 为热力学温度。

堆场中的气体 Knudsen 扩散如图 5-5 所示。

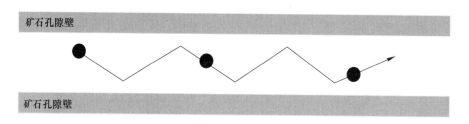

图 5-5　堆场气体渗流的 Knudsen 扩散示意图

过渡型扩散是 Knudsen 扩散及 Fick 扩散的调和平均值，受颗粒孔裂隙尺寸、堆浸体系温度及压力的影响。其扩散系数 D_g 可表示为：

$$D_g = 1\left/\left(\frac{1}{D_f} + \frac{1}{D_k}\right)\right. \tag{5-3}$$

式中，D_f 为 Fick 扩散系数。

Fick 扩散指孔裂隙中的气体分子碰撞而引起的不规则运动，导致气体分子从浓度较高的区域向浓度较低的区域扩散。Fick 扩散通常发生在堆场中孔裂隙尺寸较大的区域，在 Knudsen 数 k_n 远小于 1 时表现得更明显。该类型的扩散系数 D_f 可用下式表示：

$$D_f = \frac{\theta}{3\delta}\sqrt{\frac{8RT}{\pi M}}\frac{kT}{\sqrt{2}\,\pi d^2 p} \tag{5-4}$$

式中，k 为扩散因子，无量纲；p 为气体压力。

堆场中的气体 Fick 扩散如图 5-6 所示。

5.2.2.3　速度弥散

速度弥散（dispersion）指多孔介质体系中流动的流体，在成分不同的两

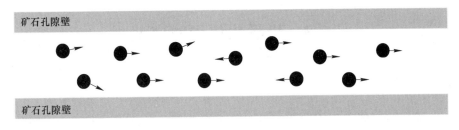

图 5-6 堆场气体渗流的 Fick 扩散示意图

种易混流体间形成和发展的一种从高浓度到低浓度的过渡混合带，即弥散带的现象。堆场内的孔裂隙通道尺寸、形状及连通性都随浸出过程中固体骨架的压缩流变而动态演化，同时，由于空气扩散器工况是不连续的，必然造成气体流经堆场时存在速度差异，初始速度一致的气体在堆场内的渗透距离也变得不均匀。

气体速度弥散是堆场孔裂隙中流体的微观流速变化而引起的，其形成原因有三种（见图 5-7）：一是在堆场的单个孔隙中，孔壁摩擦阻力及气体黏性作用使气体在孔隙中心及边缘流速不一，并呈抛物面流线分布；二是孔裂隙尺寸不均匀导致的流速差异；三是矿石颗粒孔隙的曲折因子不同，或者封闭孔隙内部孔隙气体停止流动而引起的微观流速差异。

气体的机械弥散通量形式类似于分子扩散迁移，即：

$$J_k = D_k \varphi S_w \frac{\partial C}{\partial z} \tag{5-5}$$

式中，J_k 为机械弥散通量；D_k 为溶液在堆场中的机械弥散系数；φ 为孔隙度；S_w 为堆场中的气体饱和度；C 为溶质浓度；z 为扩散距离。

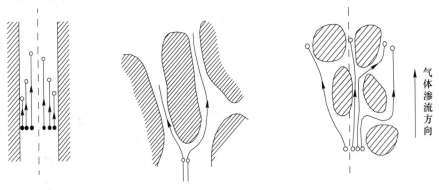

图 5-7 堆场中气体速度弥散表现形式

5.3　堆场气体渗流模型

5.3.1　模型假设

堆场中的气体渗流方向与溶液渗流方向相反，气体在非饱和矿堆中的渗流实际上是以气体为主的气-液两相流，但由于溶浸液的渗流速率远小于气体渗流速率，因此在建立堆场气体渗流模型时可忽略溶液渗流。建立模型时作以下基本假设：

（1）堆场为大孔隙多孔介质体系，忽略其基质吸力；

（2）气体流动过程中的渗透率、黏滞系数为常量，气体渗流遵从 Darcy 定律，且气体是不可压缩的；

（3）堆场中的气体渗流以对流为主，扩散作用及弥散作用可以忽略；

（4）堆场中的气体为单一理想气体，气体摩尔质量为一常数；

（5）忽略浸出过程中堆场的压缩沉降作用，即堆场孔隙率始终为一常数；

（6）浸出过程中堆场处于等温状态。

5.3.2　气体渗流控制方程

作为典型的多孔介质体系，堆场中的气体渗流控制方程可用气体连续性方程、气体运动方程及气体状态方程来表示。

5.3.2.1　气体连续性方程

由于堆场各个部分表现出非均匀、不连续、各向异性及尺寸效应等特征，使堆浸体系中的气体渗流分析变得较困难，因此，必须在细观层面找一种可以表征堆场统计平均性质的单元，用最小的体积来代表体系的宏观性质。这种单元即表征单元体（representative elementary volume，REV），如图 5-8 所示。表征单元体是由气、液、固组成的微小单元，其中空气在对流、扩散等作用下进入非饱和矿堆，O_2 及 CO_2 等气体在浸出过程中被不断消耗。

从细观上看，表征单元体足够大，能包含足够多的堆场矿石颗粒、气液流体等细观结构元素，表征单元体内部性质是连续的，能够代表堆场的统计学平均性质；从宏观上看，表征单元体又足够小，但在某一尺度范围内，表征单元体之间的宏观力学性质是均匀变化的。

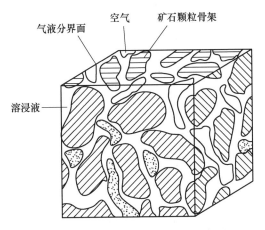

图 5-8 堆场表征单元体组成示意图

如图 5-9 所示, 在堆场的任意位置取一点 $P(x, y, z)$, 以该点为中心定义一个边长分别为 dx、dy、dz 的表征单元体, 单元体任一面的面积为 $dxdy$、$dydz$ 或 $dxdz$, 体积为 $V = dxdydz$, 那么, 根据单位时间内流入、流出单元体的气体质量差值, 可建立气体质量守恒方程, 如式 (5-6) 所示。

$$\frac{\partial(\rho Q_x)}{\partial x}dx + \frac{\partial(\rho Q_y)}{\partial y}dy + \frac{\partial(\rho Q_z)}{\partial z}dz + \frac{\partial M}{\partial t} = Q \quad (5-6)$$

式中, ρ 为气体密度, kg/m^3; M 为气体质量, kg; Q 为气体总质量, kg。

其中, M 及 Q 可用下式表示:

$$M = n_g\rho dxdydz \quad Q = mdxdydz$$

式中, n_g 为堆场气含率, %; m 为单位体积堆场在单位时间内通过的气体质量, $kg/(m^3 \cdot s)$。

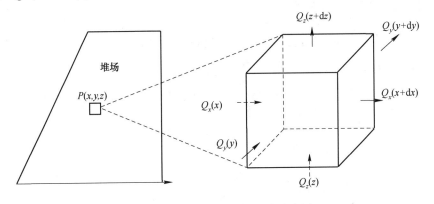

图 5-9 堆场表征单元体尺寸示意图

5.3.2.2 气体运动方程

根据模型的基本假设，气体运动方程可用 Darcy 定律来表征。Darcy 定律中，气体流速 v 与气体压力梯度 $\dfrac{\partial p}{\partial z}$ 成正比：

$$v = \frac{k'}{\rho g}\frac{\partial p}{\partial z} \tag{5-7}$$

式中，v 为堆场内气体渗流速度；g 为重力加速度；k' 为气体一般渗透系数。因此，堆场表征单元体 x、y、z 方向的气体流速可分别表示为：

$$v_x = -\frac{k'}{\rho g}\frac{\partial p}{\partial x} \tag{5-8}$$

$$v_y = -\frac{k'}{\rho g}\frac{\partial p}{\partial y} \tag{5-9}$$

$$v_z = -\frac{k'}{\rho g}\left(\frac{\partial p}{\partial z} - \rho g\right) \tag{5-10}$$

5.3.2.3 气体状态方程

当理想气体处于平衡态时，气体物质的量、压强、温度及体积之间存在某种相对平衡的状态。气体状态方程可用式（5-11）表示：

$$\rho = \frac{W_m p}{RT} \tag{5-11}$$

式中，W_m 为堆场中气体的平均分子量，g/mol；p 为堆场孔隙气体绝对压力，Pa；R 为气体常数，J/(mol·K)；T 为气体绝对温度，K。

5.3.3 堆场气体渗流模型

将堆场中的气体连续性方程、气体运动方程及气体状态方程联合起来，便得到气体渗流控制方程，如下式：

$$\begin{cases} \dfrac{\partial(\rho Q_x)}{\partial x}\mathrm{d}x + \dfrac{\partial(\rho Q_y)}{\partial y}\mathrm{d}y + \dfrac{\partial(\rho Q_z)}{\partial z}\mathrm{d}z + \dfrac{\partial M}{\partial t} = Q \\[3mm] v = -\dfrac{k'}{\rho g}\dfrac{\partial p}{\partial z} \\[3mm] \rho = \dfrac{W_m p}{RT} \end{cases} \tag{5-12}$$

将方程组中的各项表达式代入气体质量守恒方程,可得:

$$-\frac{\partial\left(k'_x\frac{1}{g}\frac{\partial p}{\partial x}\right)}{\partial x}-\frac{\partial\left(k'_y\frac{1}{g}\frac{\partial p}{\partial y}\right)}{\partial y}-\frac{\partial\left[k'_z\frac{1}{g}\left(\frac{\partial p}{\partial z}-\rho g\right)\right]}{\partial z}+\frac{\partial(n_g\rho)}{\partial t}=m$$

$$(5-13)$$

假设堆场中的气体为理想气体,气体密度很小,在模拟中可忽略气体的重力,即 $\rho g=0$,则式(5-13)可进一步简化为:

$$-\frac{\partial\left(k'_x\frac{1}{g}\frac{\partial p}{\partial x}\right)}{\partial x}-\frac{\partial\left(k'_y\frac{1}{g}\frac{\partial p}{\partial y}\right)}{\partial y}-\frac{\partial\left(k'_z\frac{1}{g}\frac{\partial p}{\partial z}\right)}{\partial z}+\frac{\partial(n_g\rho)}{\partial t}=m \quad (5-14)$$

同时,气体一般渗透系数 k' 与常用渗透系数 k 存在以下关系:

$$k=k'\frac{1}{\rho g} \quad (5-15)$$

用气体状态方程代入式(5-15)并整理,可得用常用渗透系数 k 表示的堆场中气体渗流模型:

$$-\frac{W_m}{2RT}\left(k_x\frac{\partial^2 p^2}{\partial x^2}+k_y\frac{\partial^2 p^2}{\partial y^2}+k_z\frac{\partial^2 p^2}{\partial z^2}\right)+\frac{W_m}{RT}\frac{\partial(n_g p)}{\partial t}=m \quad (5-16)$$

堆场强制通风时,气体在堆场内形成球状非稳定流场,气体渗透系数在不同方向上的各向异性系数很大,其中垂直方向上的气体渗透系数最小,表明竖直方向上的气体对流或扩散阻力最大。因此,在设计堆场底部的强制通风网络及通风方式时,若能克服竖直方向上的气体渗透阻力,使气体上升到设计堆场高度,则可认为堆场同一深度范围的气体流量均达到工程要求。仅考虑竖直方向上的气体渗透时,气体渗流模型可简化成 z 方向上的一维渗流模型:

$$-\frac{W_m}{2RT}k_z\frac{\partial^2 p^2}{\partial z^2}+\frac{W_m}{RT}\frac{\partial(n_g p)}{\partial t}=m \quad (5-17)$$

5.4　堆场气体稳定渗流场求解

5.4.1　自然通风条件下气体渗流解

自然通风条件下,堆场底部通常为由黏土、隔水层或 HDPE 土工布等材料组成的防渗层，顶部与大气层接触，如图5-10所示。自然通风条件下堆内的气流主要通过自然对流产生，受到堆高及孔隙率的限制，堆场表面气体难以进入堆场中部及底部，而堆场内部又没有其他气源，因此，在浸出一段时间后，从边坡及底部进入堆场的气体会形成自下而上的较稳定的气体对流。此时，堆内气体为稳定渗流，可求得气体稳定渗流场的解析解[1]。

(a)

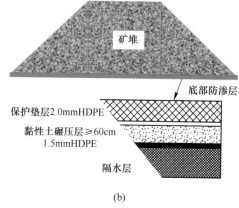

(b)

图 5-10　堆场顶部与底部结构图

（a）堆场顶部为大气层；（b）堆场底部为不透气的防渗层

由于气体为稳定渗流，因此堆场内任一深度的气压不随时间变化，即：

$$\frac{\partial (n_\mathrm{g} p)}{\partial t} = 0 \tag{5-18}$$

此时，式（5-17）可简化为：

$$\frac{\partial^2 p^2}{\partial z^2} = -\frac{2\mu RT}{W_\mathrm{m} k_\mathrm{z}} m \tag{5-19}$$

令 $C_1 = \dfrac{\mu RT}{W_\mathrm{m} k_\mathrm{z}} m$，对式（5-19）进行积分，可得堆场内气压 p 与自顶部起堆场深度 z 的关系：

$$p^2 = -C_1 z^2 + C_2 z + C_3 \tag{5-20}$$

式中，C_2、C_3 为积分常数。

根据假设，堆场顶部为大气压 p_0，深度 $z=0$，底部为防渗层，气流压力 $p_\mathrm{H}=0$，则其上下边界为：

$$\begin{cases} p = p_0 , \; z = 0 \\ p = p_H = 0 , \; z = H \end{cases} \tag{5-21}$$

将式（5-21）代入式（5-20），可得：

$$\begin{cases} C_2 = \dfrac{p_H^2 - p_0^2 + C_1 H^2}{H} \\ C_3 = p_0^2 \end{cases} \tag{5-22}$$

因此，自然通风条件下自顶部起堆场深度 z 处的气体稳定渗流场的气压力解可用下式表示：

$$p_z = \sqrt{-\frac{\mu R T}{W_m k_z} m z^2 - \frac{p_0^2 - C_1 H^2}{H} z + p_0^2} \tag{5-23}$$

5.4.2 强制通风条件下气体渗流解

强制通风时，在外力作用下，堆场内气体的渗流速度及渗透距离远大于自然通风条件，根据施工气压与外界大气压的大小关系，强制通风可分成 3 种工况：

（1）施工气压小于大气压（见图 5-11（a）），这是工业应用时普遍采用的工况，此时堆内任一位置气压小于堆场表面大气压，但大于仅有自然风压时同一深度的气压。

（2）施工气压与大气压相近（见图 5-11（b）），此时堆场上部气压与自然风压时相近，到中部某一深度时气压开始大于同一深度仅有自然风压时的气压，其中气压最小点 p_{min} 的深度与两者的大小有关，堆场底部气压则远大于仅有自然风压时同一深度的气压。

（3）施工气压大于大气压（见图 5-11（c）），此时堆内某一深度的气压与仅有自然风压时同一位置的气压相等，在该深度以上时气压小于自然风压情况，在该深度以下时则大于仅有自然风压的情况。

无论是以上任何一种工况，在强制通风进行一段时间后，堆内的气压分布达到相对稳定的平衡状态。此时，需建立以气体流量或施工气压为监测指标的强制通风控制技术。下面分别对这两者情况进行分析，以获取堆场不同深度与初始通风强度或进气压力值的关系。

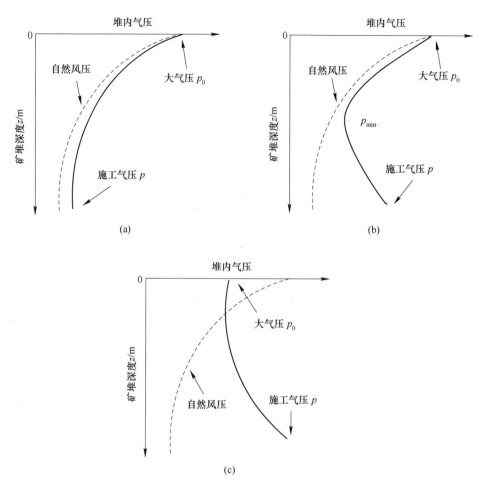

图 5-11 强制通风时堆场内气压与施工气压关系图

（a）施工气压小于大气压；（b）施工气压与大气压相近；（c）施工气压大于大气压

5.4.2.1 以气体流量为监测指标

假设强制通风气体流量为 q 时，由于通风网络布置在堆场底部，因此 q 即为 q_H，可根据下式计算：

$$q_H = \rho v = -\frac{k_z}{\mu}\frac{dp}{dz}\rho = -\frac{k_z W_m}{\mu RT}p\frac{dp}{dz} \tag{5-24}$$

则可建立模型的边界条件为：

$$\begin{cases} p = p_0, \ z = 0 \\ q = q_H = -\dfrac{k_z W_m}{\mu RT}p\dfrac{dp}{dz}, \ z = H \end{cases} \tag{5-25}$$

同样，对式（5-20）进行积分，可得：

$$p \frac{\mathrm{d}p}{\mathrm{d}z} = \frac{1}{2}(-2C_1 z + C_2) \tag{5-26}$$

$$q_H = -\frac{k_z W_m}{2\mu RT}(-2C_1 z_H + C_2) \tag{5-27}$$

求解上式，得：

$$\begin{cases} C_1 = \frac{\mu RT}{W_m k_z} m \\ C_2 = 2C_1 H - \frac{2\mu RT}{W_m k_z} q_H \\ C_3 = p_0^2 \end{cases} \tag{5-28}$$

将式（5-28）代入式（5-24），可得强制通风条件下以气体流量为监测指标时，堆场 z 深度的气体稳定渗流场的气压力解为：

$$p_z = \sqrt{-\frac{\mu RT}{W_m k_z} m z^2 + \left(2\frac{\mu RT}{W_m k_z} mH - \frac{2\mu RT}{W_m k_z} q_H\right)z + p_0^2} \tag{5-29}$$

5.4.2.2 以施工气压为监测指标

根据假设，堆场顶部为大气压 p_0，深度 $z = 0$，强制通风管网布置深度 $z = H$，则其上下边界为：

$$\begin{cases} p = p_0, & z = 0 \\ p = p_H, & z = H \end{cases} \tag{5-30}$$

将式（5-30）代入式（5-24），可得：

$$\begin{cases} C_2 = \frac{p_H^2 - p_0^2 + C_1 H^2}{H} \\ C_3 = p_0^2 \end{cases} \tag{5-31}$$

因此，强制通风条件下以施工气压为监测指标时，堆场 z 深度的气体稳定渗流场的气压力解为：

$$p_z = \sqrt{-\frac{\mu RT}{W_m k_z} m z^2 + \frac{p_H^2 - p_0^2 + C_1 H^2}{H} z + p_0^2} \tag{5-32}$$

5.5 堆场气体非稳定渗流场求解

自然通风条件下，硫化矿生物堆浸中常采用间歇喷淋的作业制度，以让堆场吸入更多空气，但气体自然对流及扩散作用有限，导致堆场中间及底部经常出现气体渗流盲区。强制通风有利于提高堆场气含率，加快堆场气体从不饱和到饱和的过程。由于堆场占地面积及总体积巨大，为了保证堆场内氧气浓度高于硫化矿浸出及微生物生长所需氧气浓度，堆场通风网络布置通常较密集（见图 5-12），风量需求量极高，因此通风成本在生物浸出总成本中占很大的比重[10]。

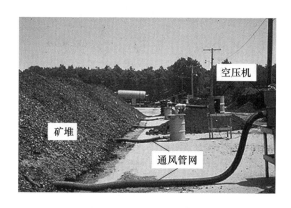

图 5-12 生物堆浸过程堆场底部通风网络布置图

为了控制通风时间，节约通风动力消耗成本，必须探明通风作业启动后堆场气体从非稳定流场过渡为稳定流场过程中的变化规律，揭示通风时间与堆场内气体渗流稳定性的关系。根据堆场气体渗流模型，求解非稳定条件下堆场气体渗流场的气压力解有助于解决这一问题。

强制通风作业启动后，堆场内在竖直方向上的气体渗流控制方程为：

$$-\frac{W_{\mathrm{m}}}{2\mu RT}k_z\frac{\partial^2 p^2}{\partial z^2} + \frac{W_{\mathrm{m}}}{RT}\frac{\partial(n_{\mathrm{g}}p)}{\partial t} = m \qquad (5\text{-}33)$$

由于强制通风时堆场有效风量率较低，为了保证硫化矿氧化反应的持续进行，堆场内的气含率 n_{g} 需保持恒定，此时，上式可整理为：

$$-\frac{W_{\mathrm{m}}}{2\mu RT}k_z\frac{\partial^2 p^2}{\partial z^2} + \frac{W_{\mathrm{m}}n_{\mathrm{g}}}{RT}\frac{\partial p}{\partial t} = m \tag{5-34}$$

进一步整理，得：

$$\frac{\partial^2 p}{\partial z^2} = -\frac{1}{p}\frac{\partial p}{\partial z}\frac{\partial p}{\partial z} + \frac{n_{\mathrm{g}}u}{k_z p}\frac{\partial p}{\partial t} - \frac{mRT\mu}{W_{\mathrm{m}}k_z p} \tag{5-35}$$

若以气体流量为强制通风监测指标，且堆场底部通风强度为 q_{fv}，则式 (5-35) 的模型边界条件为：

$$\begin{cases} p = p_0, \ z = 0 \\ p = 101\mathrm{kPa}, \ t = 0 \\ q = q_{\mathrm{fv}}, \ z = H \end{cases} \tag{5-36}$$

对于式 (5-35)，根据偏微分方程的数值解法，可将其看作是拟线性抛物线方程，进而采用预测-校正差分法进行求解[1,11]。

拟线性抛物线方程可采用 Tichtmyer 二步法求解。第一步，根据 t_n 时刻求出的结果得到 t_{n+1} 时刻的预测值；第二步，用更精确的公式来校正 t_n 时刻求出的结果及 t_{n+1} 时刻的预测值，得到 t_{n+1} 时刻最终结果。此时，可将式 (5-35) 整理成：

$$\frac{\partial^2 u}{\partial x^2} = f_1(x, \ t, \ u)\frac{\partial u}{\partial t} + f_2(x, \ t, \ u)\frac{\partial u}{\partial x} \tag{5-37}$$

其中：

$$0 < x < 1, \ 0 < t \leqslant T \tag{5-38}$$

$$u(x, \ 0) = \varphi(x), \ 0 < x < 1 \tag{5-39}$$

$$u(0, \ t) = \mu_1(t), \ u(1, \ t) = \mu_2(t), \ 0 < t \leqslant T \tag{5-40}$$

$$f_1(x, \ t, \ u) \geqslant a_0 > 0 \tag{5-41}$$

式 (5-37) 是偏微分方程，应用有限差分方法求解时必须把连续问题离散化，并对求解区域进行网格划分。把 x-t 的上半平面分成矩形网格，并划两簇平行于坐标轴的网格线，网格线的交点为网格点或节点。其中，平行于 t 轴的直线可为等距直线，设距离为 Δx 或 h，h 为空间步长；平行于 x 轴的直线大多是不等距的，设距离为 Δt 或 τ，τ 为时间步长。网格划分如图 5-13 所示。

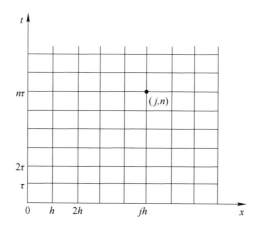

图 5-13 有限差分方法求解偏微分方程的网格划分

那么，式（5-35）可用 Crank-Nicholson 公式来表示：

$$\frac{1}{2h^2}\delta_x^2(u_j^n + u_j^{n+1}) = f_1\left[x_j,\ t_{n+\frac{1}{2}},\ \frac{1}{2}(u_j^n + u_j^{n+1})\right]\frac{u_j^{n+1} - u_j^n}{\tau} +$$

$$f_2\left[x_j,\ t_{n+\frac{1}{2}},\ \frac{1}{2}(u_j^n + u_j^{n+1})\right]\frac{1}{2h}\mu\delta_x(u_j^n + u_j^{n+1})$$

$$(5\text{-}42)$$

其中：

$$\delta_x u_j = u_{j+\frac{1}{2}} - u_{j-\frac{1}{2}} \tag{5-43}$$

$$\mu u_j = \frac{1}{2}(u_{j+\frac{1}{2}} + u_{j-\frac{1}{2}}) \tag{5-44}$$

则式（5-37）的预测公式为：

$$\frac{1}{h^2}\delta_x^2 u_j^{n+\frac{1}{2}} = f_1(x_j,\ t_{n+\frac{1}{2}},\ u_j^n)\frac{u_j^{n+\frac{1}{2}} - u_j^n}{\dfrac{\tau}{2}} + f_2(x_j,\ t_{n+\frac{1}{2}},\ u_j^n)\frac{1}{h}\mu\delta_x u_j^n$$

$$(5\text{-}45)$$

校正公式为：

$$\frac{1}{2h^2}\delta_x^2(u_j^n + u_j^{n+1}) = f_1(x_j,\ t_{n+\frac{1}{2}},\ u_j^{n+\frac{1}{2}})\frac{u_j^{n+1} - u_j^n}{\tau} +$$

$$f_2(x_j,\ t_{n+\frac{1}{2}},\ u_j^{n+\frac{1}{2}})\frac{1}{2h}\mu\delta_x(u_j^n + u_j^{n+1})$$

$$(5\text{-}46)$$

其中：

$$\begin{cases} \delta_x u_j = u_{j+\frac{1}{2}} - u_{j-\frac{1}{2}} \\ \delta_x^2 u_j = u_{j+1} - 2u_j + u_{j-1} \\ \dfrac{1}{h} u \delta_x u_j = \dfrac{u_{j+1} + u_{j-1}}{2h} \end{cases} \tag{5-47}$$

式（5-37）~式（5-47）中，j 为单元层节点编号，$j=1$，2，…，$j-1$；n 为时间点号，$n=0$，1，2，…，$n-1$；h 为空间步长；τ 为时间步长。

预测-校正公式的这种差分格式是二阶精度的格式，通过两步来完成每个时间间隔计算[11]。预测公式及校正公式都为线性方程组，计算过程不涉及非线性方程组，其中式（5-45）可用追赶法求解，由 n 时间点的 u_j^n 得到预测值 $u_j^{n+\frac{1}{2}}$，代入式（5-46），可用追赶法求解获得 $n+1$ 时间点 u_j^{n+1}，可得：

$$p_{j+1}^{n+\frac{1}{2}} - \left(2 + \frac{2n_g \mu h_0^2}{\tau k p_j^n}\right) p_j^{n+\frac{1}{2}} + p_{j-1}^{n+\frac{1}{2}} = C_1 \tag{5-48}$$

其中，C_1 可用下式表示：

$$C_1 = -\frac{1}{4p_j^n}(p_{j+1}^n - p_{j-1}^n)^2 - \frac{mRT\mu h_0^2}{W_m k_z p_j^n} - \frac{2n_g \mu h_0^2}{\tau k_z} \tag{5-49}$$

式中，j 为行节点编号，$j=1$，2，…，$j-1$；n 为时间点号，$n=0$，1，2，…，$n-1$；h_0 为空间步长，即堆场表征单元体厚度，m；τ 为时间步长，s。

则作为拟线性抛物线方程时的校正公式为：

$$(1 - D_1)p_{j+1}^{n+1} - \left(2 + \frac{2n_g \mu h_0^2}{\tau k p_j^{n+\frac{1}{2}}}\right) p_j^{n+1} + (1 + D_1)p_{j-1}^{n+1} = C_2 \tag{5-50}$$

其中：

$$\begin{cases} C_2 = -\dfrac{1}{4p_j^{n+\frac{1}{2}}}(p_{j+1}^{n+\frac{1}{2}} - p_{j-1}^{n+\frac{1}{2}})(p_{j+1}^n - p_{j-1}^n) - (p_{j+1}^n - 2p_j^n + p_{j-1}^n) - \\[3mm] \qquad \dfrac{2mRT\mu h_0^2}{W_m k_z p_j^{n+\frac{1}{2}}} - \dfrac{2n_g \mu h_0^2}{\tau k_z p_j^{n+\frac{1}{2}}} p_j^n \\[3mm] D_1 = -\dfrac{1}{4p_j^{n+\frac{1}{2}}}(p_{j+1}^{n+\frac{1}{2}} - p_{j-1}^{n+\frac{1}{2}}) \end{cases} \tag{5-51}$$

Tichtmyer 二步法求解拟线性抛物线方程时，预测公式及校正公式是收敛的，其截断误差为 $O(\tau^2 + h^2)$。因此，在堆场底部给定通风强度的基础上，结合边界条件式（5-36）、预测公式（5-48）及校正公式（5-50），即可用追赶法计算得到堆场内任一时间、任一深度的气压，获得堆场气体非稳定渗流场的气压力数值解。

结合堆场气体渗流模型及稳定、非稳定条件下气体渗流场的气压力解，可进一步计算出强制通风的经济合理的通风强度或施工气压，为建立以气体流量或施工气压为指标的强制通风监测指标提供技术依据。

5.6 堆场气体渗流速率与通风气压的关系

堆场中的通风管道通常布置在堆底集液管上方，通过空气扩散器孔口的气体形成竖直向上运动的气流。堆浸中强制通风所需的压差一般不超过 5kPa，从气体渗透系数影响因素试验可知，此时矿堆内气体的流动基本遵循 Darcy 定律，即气体渗流速率 u_g 与竖直方向上的压差 dp/dh 成正比，则有：

$$u_g = \frac{Q_g}{A} = \frac{k}{\mu_g} \frac{dp}{dh} \tag{5-52}$$

式中，Q_g 为通风强度，m^3/h；A 为气体渗流经过的横截面积，m^2；k 为堆场渗透率，m^2；μ_g 为气体黏滞系数，$Pa \cdot s$。

假设堆场高度为 H，则单位高度上的压差 dp/dh 可用堆场底部到表面的压力变化量 Δp_H 与堆场高度 H 的比值 $\Delta p_H/H$ 来描述，则式（5-52）可表示为：

$$u_g = \frac{k}{\mu} - \frac{\Delta p_H}{H} \tag{5-53}$$

气流通过堆场时，矿石反应放热会引起气体温度的升高，气体中的氧气含量会减少，但水蒸气的含量会增加甚至达到饱和状态，由于水蒸气的摩尔质量小于氧气的摩尔质量，因此气体密度在上升过程中会随着堆高的增加而减小。此时，气体渗流在堆场中的气压梯度 $\Delta p_H/H$ 可表示为：

$$\frac{\Delta p_H}{H} = (\rho_0 - \rho_H)g \tag{5-54}$$

根据气体理想状态方程式（5-11），有：

$$\frac{\Delta p_H}{H} = \frac{g}{R}\left(\frac{W_{m,0}\,p_0}{T_0} - \frac{W_{m,H}\,p_H}{T_H}\right) \tag{5-55}$$

式中，$W_{m,0}$、$W_{m,H}$ 分别为堆底空气扩散器孔口及堆场表面气体的平均分子量，g/mol；p_0、p_H 分别为堆场底部及表面孔隙中的气体压力，Pa；R 为气体常数，J/(mol·K)；T_0、T_H 分别为堆场底部及表面的气体温度，K。

将式（5-55）代入式（5-53），可得：

$$u_g = \frac{kg}{\mu_g R}\left(\frac{W_{m,0}\,p_0}{T_0} - \frac{W_{m,H}\,p_H}{T_H}\right) \tag{5-56}$$

式（5-56）表明，强制通风时空气扩散器孔口气压增大时，气体渗流竖直方向上的压力梯度发生变化，进而影响气体渗流速率。在外加气体压差及反应热的影响下，堆场中的气体平均密度在上升过程中会不断减小，并进一步引起气体渗流速率随着堆高的增加而增大。

5.7 堆场气-液形态与通风气压的关系

生物堆浸过程中，根据堆场孔隙中气、液两相的赋存形态，可将堆场分为非饱和状态、亚饱和状态与饱和状态。堆场大部分时间、大部分区域都处于非饱和状态，此时气相及液相都有各自稳定、曲折的渗流通道，在重力、对流作用下与固相发生接触与反应。亚饱和状态是指在强制通风作用下，气相进入液相并置换部分溶液，使渗流成为气、液两相流的过程。堆场在喷淋一段时间后，溶液渗流趋于稳定，溶浸液占据堆场下部孔隙空间，故堆场下部有可能形成饱和区。

非饱和状态是堆场最常见、同时也最复杂的状态，气相的存在及气液形态的转化是导致堆场性质复杂的重要原因。非饱和矿堆中孔隙气压往往大于孔隙水压，气-液界面的收缩膜受到的空气压力大于水压力，由此产生基质吸力。孔隙基质吸力与饱和度的关系对堆场中气、水的存在形态及其在固体骨架中的渗流规律起关键作用。

根据非饱和矿堆中的气-液形态，可将强制通风过程中的堆场划分成边界效应区、气-液初步混合区、气-液深度混合区及非饱和残余区4种类型，如图5-14所示。

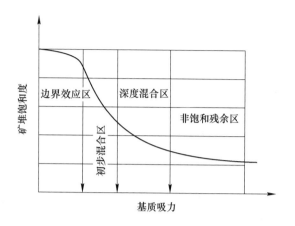

图 5-14 非饱和矿堆气-液形态示意图

强制通风作业启动后，如图 5-15 所示，堆场气-液形态发生以下演变：（1）喷淋饱和后，初始堆场处于边界效应区，矿堆中的孔隙几乎被溶浸液充满，此时气-液两相紧密联通，饱和与亚饱和条件下堆场区域大多处于这一阶段；（2）随着强制通风的进行，堆场逐步进入气-液初步混合区及气-液深度混合区阶段，气体开始入渗堆场孔隙并持续挤压溶液空间，堆场内出现不连续液相，且溶液开始与外界暂时隔离，堆场进入非饱和状态；（3）当进一步通风时，堆场最终进入气体联通区，此时气相占据堆场大部分孔隙通道，溶液被气体分割包围，且溶液由不可压缩状态变成可压缩状态，堆场气体形成稳定渗流场。

堆场中的气体与溶浸液相互难溶，强制通风的作用之一是改善堆场中部及底部的气-液两相形态，提高溶液中的溶解氧量。然而，当含水率较高时，堆场处于边界效应区，气体渗流可能偏离达西定律，必须提高压力使气流克服"启动压差"及"启动压力梯度"等现象，以保证气体顺利地进入堆场。

强制通风时，气体必须穿过堆场底部饱和区，矿堆从边界效应区过渡为气-液初始混合区，此时施加的压力 p_1 必须大于启动压差 p_0 与静水压力 p_h 之和，即 $p_1 > p_0 + p_h$。

根据饱和-非饱和矿堆气-液形态变化规律，堆场进入气-液初始混合区阶段后，气体渗透速率随着施工压力的增大而增大，直到堆场从气-液初始混合区过渡为气-液深度混合区，此时即使施工气压增加较小，气体渗透速率

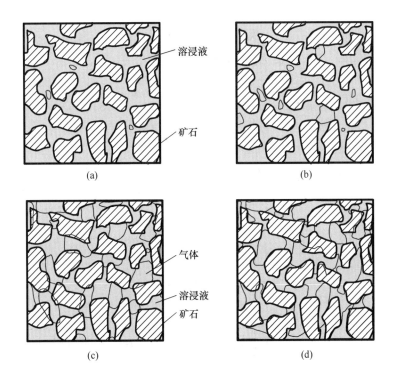

图 5-15 强制通风不同阶段堆场气-液形态发展图

（a）边界效应区；（b）气-液初步混合区；（c）气液深度混合区；（d）气体联通区

也会较大幅度地增加。从节约动力的角度来看，强制通风时施工气压应小于气-液深度混合区时的起始压力 p_2 与静水压力 p_h 之和，即 $p_1 < p_2 + p_h$。

综上所述，从饱和-非饱和矿堆中的气-液形态来看，当堆场处于气-液初步混合区及气-液深度混合区之间时，矿堆中的气、液、固三相接触界面面积较大，有利于浸出体系中质量、能量及热量的传递。因此，强制通风时，最佳的施工压力应使堆场大部分区域恰好处于气-液初步混合区及气-液深度混合区之间，此时施工气压范围为：$p_0 + p_h < p_1 < p_2 + p_h$。

参 考 文 献

［1］ 魏海云. 城市生活垃圾填埋场气体运移规律研究 ［D］. 杭州：浙江大学，2007.

［2］ Lizama H M, Harlamovs J R, Belanger S, et al. The Teck cominco hydrozincTM process ［C］//Hydrometallurgy 2003：Proceedings of the 5th International Symposium, Warrendale, USA：2003.

［3］ 郑玉琪，陈同斌，高定，等. 静态垛好氧堆肥堆体中氧气浓度和耗氧速率的垂直分

布特征 [J]. 环境科学, 2004, 25 (2): 134-139.

[4] 高定, 郑玉琪, 陈同斌, 等. 猪粪好氧堆肥过程中氧气的剖面分布特征 [J]. 农业环境科学学报, 2007, 26 (6): 2189-2194.

[5] Kjeldsen P, Fischer E V. Landfill gas migration-field investigations at skellingsted landfill, Denmark [J]. Waste Management & Research, 1995, 13 (5): 467-484.

[6] 樊石磊, 吕鑑, 席北斗, 等. 垃圾填埋场填埋气产生与迁移计算机模拟 [J]. 环境工程学报, 2008, 2 (8): 1115-1120.

[7] 周世宁, 林柏泉. 煤层瓦斯赋存与流动理论 [M]. 北京: 煤炭工业出版社, 1999.

[8] 刘圣鑫, 钟建华, 刘晓光, 等. 致密多孔介质气体运移机理 [J]. 天然气地球科学, 2014, 25 (10): 1520-1528.

[9] Choi J G, Do D D, Do H D. Surface diffusion of adsorbed molecules in porous media: Monolayer, multilayer, and capillary condensation regimes [J]. Industrial & Engineering Chemistry Research, 2001, 40 (19): 4005-4031.

[10] Batty J D, Rorke G V. Development and commercial demonstration of the BioCOP™ thermophile process [J]. Hydrometallurgy, 2006, 83 (1): 83-89.

[11] 徐长发. 实用偏微分方程数值解法 [M]. 武汉: 华中理工大学出版社, 1990.

6 硫化铜矿通风强化浸出机理

6.1 概　　述

硫化铜矿浸出技术在国内外源远流长，我国唐宋时期采用"胆水浸铜法"生产的铜已占总量的15%~25%，在国外，18世纪中期西班牙Rio Tinto矿山也开始使用含菌酸性矿坑水处理铜矿[1-2]。尽管铜矿浸出已实现较大规模的应用，但古代的人们对生物浸出的原理却不清楚，正如现今研究人员仍无法较全面地解释强制通风对促进硫化铜矿浸出的作用机制一样。早在1922年，美国Bingham Canyon铜矿的低品位辉铜矿就地浸出中，采用鼓风机向矿堆下部通风后，发现矿堆温度及Cu浸出率都大大高于预期值[3]。然而，由于机理研究远远滞后于工业应用，出现了强制通风工程复杂、通风强度难以调控、通风成本过高等问题，以致通风浸出的研究停滞了70多年，直至1993年澳大利亚Girilambone铜矿引进强制通风，促进了硫化铜矿的浸出并取得商业成功后，这项技术才重新得到业界的重视[4]。

强制通风对硫化铜矿浸出的促进作用是一个包含物理作用、化学作用及生物作用的复合作用过程。从物理角度来看，强制通风能改善堆场孔隙率及溶液渗流，气体流经矿堆时对堆场热量平衡产生影响。从化学角度来看，气体能以游离性、溶解性或两相流的形式出现，为堆浸体系提供了充足的溶解氧及矿石化学反应所需的氧化剂。从生物角度而言，强制通风时带入的O_2、CO_2作为浸矿微生物生长的能源物质，必然会引进微生物趋向性的迁移，进而改变不同区域的矿石浸出速率。

6.2 堆浸体系氧传质与气泡动力学

强制通风时，气体大多以气泡或气泡羽流形式进入堆场，并在上升过程中发生变形、合并、分裂及溃灭，气泡中的氧溶解后被浸矿微生物吸收，或者作为化学反应的电子受体参与矿石氧化反应。因此，分析堆浸体系中氧的传输、传质过程及气泡动态发展过程，对研究通风强化浸出机制有重要意义。

6.2.1　堆浸生物系统中氧传质途径

传质是由于体系中存在物质浓度梯度而发生质量转移的过程。传质一般包括在静止介质中的分子扩散、在层流中的分子扩散、自由紊动液流中的旋涡扩散及两相间的传质。堆浸体系中的传质主要是气、液两相在浓度梯度的作用下自发地由高浓度区域向低浓度区域转移，其中，越过气-液界面的氧传质对生物浸出最为重要。

堆浸时，生物系统中的氧传质通过两个途径进行（见图6-1）：（1）在溶浸液中，浸矿微生物的细胞膜与溶浸液膜之间进行氧传递，微生物从溶液中围绕在生物细胞上的液膜中吸收氧；（2）微生物直接从气-液界面处的液膜，或者从气泡表面中吸收氧。这两种途径通常同时存在，但有一种途径是较占优势的，这取决于通风强度、气泡混合程度及浸矿微生物的种类。

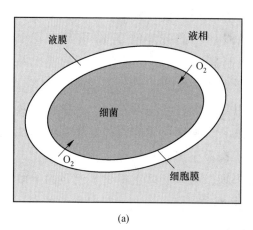
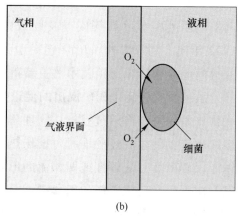

(a)　　　　　　　　　　　　　(b)

图6-1　堆浸过程生物系统氧传质途径

（a）细菌从附着液膜上吸收氧；（b）细菌从液膜或气膜中吸收氧

当液体中的气体不饱和时，气体分子从气相转移至液相。此时，O_2 等微溶气体的传质阻力主要来自液膜，易溶气体传质的阻力主要来自气膜，而对于中等程度溶解的气体，这两层膜都呈现出相当的阻力。氧气属于难溶气体, 氧气传递速率通常正比于溶液中的饱和浓度差。为了保证浸矿微生物的正常生长, 必须使溶液中的溶氧量高于微生物生长需氧量的极限值, 即 10^{-6}。

6.2.2 强制通风条件下堆场中的氧传质

氧气的溶解过程属于气-液传质过程, 气-液传质过程的理论主要有双膜论、渗透论和表面更新论[5]。在双膜理论物理模型中, 气-液界面存在着气膜和液膜, 阻碍了气体分子从一相进入另一相。

根据双膜理论, 由于扩散中的转移过程通常较慢, 因此转移的速度主要受滞留膜层的控制。氧的总传质系数 K_{La} 有如下关系:

$$\frac{\mathrm{d}C}{\mathrm{d}t} = K_{La}(C_S - C) \tag{6-1}$$

$$K_{La} = \frac{K_L A}{V} \tag{6-2}$$

式中, $\dfrac{\mathrm{d}C}{\mathrm{d}t}$ 为溶液中溶解氧浓度变化速率, $\mathrm{mg/(L \cdot min)}$; C_S 为液膜中饱和溶解氧浓度, $\mathrm{mg/L}$; C 为 t 时刻溶浸液主体的溶解氧浓度, $\mathrm{mg/L}$; K_{La} 为氧总传质系数, $\mathrm{min^{-1}}$; A 为气-液两相接触面积, $\mathrm{m^2}$; V 为液相主体容积, $\mathrm{m^3}$。

由双膜理论可知, 气-液界面氧传质的速率主要由气-液两相的浓度梯度, 以及总传质系数共同决定。在堆浸生产中, 喷淋强度及作业制度是相对稳定的, 因此自然通风条件下不同时间、不同区域的气相形态也相对稳定, 堆场底部及中部的溶解氧在溶浸液自上而下渗流过程中消耗殆尽, 却无法通过自然对流或扩散得到补充, 因此溶解氧含量远低于饱和溶解量。底部强制通风时, 通过鼓入气泡的方式提高了底部及中部溶浸液的溶解氧含量, 形成气体浓度梯度, 从而促进了矿堆内气-液两相的混合程度, 并大大增大了氧传质推动力 ($C_S - C$)。

假设强制通风过程中氧气在溶浸液中均匀溶解, 即溶液中 O_2 浓度一致; 同时, 气体内氧气分压保持稳定, 即氧传质阻力主要来源于液膜。那么, 由质量衡算方程可知, 溶液中氧气浓度 C_L 随时间 t 的变化为:

$$\frac{\mathrm{d}C_L}{\mathrm{d}t} = r_a \tag{6-3}$$

$$r_a = a_L K_L (C^* - C_L)/(1 - \varepsilon_G) \tag{6-4}$$

式中，r_a 为氧气在溶液的体积吸收速率，$\text{kmol}/(\text{m}^3 \cdot \text{s})$；$a_L$ 为气-液界面比表面积，m^2/m^3；K_L 为氧气传质系数，m/s；C^* 为氧气在液相的饱和浓度，kmol/m^3；ε_G 为溶液气含率，%。

若初始条件为：$t=0$，$C_L=0$，则可将式（6-4）代入式（6-3）中，得：

$$\frac{\mathrm{d}C_L}{\mathrm{d}t} = a_L K_L (C^* - C_L)/(1 - \varepsilon_G) \tag{6-5}$$

对式（6-5）进行求解，即得氧气溶解速率模型：

$$C_L = C^* \left(1 - \mathrm{e}^{\frac{a_L K_L t}{1-\varepsilon_G}} \right) \tag{6-6}$$

从式（6-6）可知，氧气溶解速率主要受气-液界面比表面积 a_L、氧气传质系数 K_L 及溶液气含率 ε_G 的影响。强制通风时，可通过控制通风系统的扩散器尺寸来减小鼓入的气泡尺寸，增大气-液界面比表面积 a_L；同时，可通过控制通风强度或通风压力来提高溶液气含率 ε_G，从而加快溶浸液中的氧气溶解速率，减少溶液中氧气浓度达到近似饱和的时间。然而，溶浸液中氧气总传质系数的影响因素却复杂得多，包括溶浸液性质、溶解氧饱和度、溶液温度、悬浮细颗粒、溶浸液紊动程度及气-液界面上微生物的呼吸作用等，需要调控其他工程技术来达到最优的氧气总传质系数。

6.2.3 堆场中气泡尺寸与形态

强制通风时，空压机内产生的压缩空气通过通风管道输送至堆场底部的空气扩散装置中，气体主要以气泡的形式进入堆底的饱和或非饱和溶液，其中一部分直接溶于溶浸液中，另一部分在压差的作用下输送至堆场各个区域，并在输送过程中发生上升、变形、合并或溃灭。浸出过程中，溶解氧被不断消耗，但此时悬浮于溶液中的气泡不断溶解于溶浸液中，从而使溶浸液始终保持较高的含氧量。因此，气泡的尺寸与形态是堆场中 O_2、CO_2 传输与传质效果的重要影响因素，决定了堆场低氧区域的矿物溶解反应速率及浸矿微生物的生长活性。

气泡初始尺寸的大小主要取决于空气扩散器孔口大小及气流速度。根据扩散器的不同，产生的气泡从小到大可依次分为微气泡、小气泡、中等气泡及大气泡，各类气泡扩散器性质及气泡尺寸如表 6-1 所示。

表 6-1 适用于堆浸强制通风的扩散器及气泡尺寸

编号	名 称	常 用 材 料	气泡直径
1	微气泡扩散器	多孔材料（如二氧化硅、氧化铝、钛）	约 $100\mu m$
2	小气泡扩散器	微孔材料（陶瓷、砂砾等）	$<1.5mm$
3	中气泡扩散器	合成纤维（穿孔管、莎纶管等）	$2\sim3mm$
4	大气泡扩散器	塑料（聚氯乙烯竖管等）	约 $15mm$

通常，较小的气泡能提供相对较大的气-液接触面积，同时其紊流运动形成的速度梯度有利于提高液面更新速率，因此能提高氧的总传质系数。然而，空气扩散器孔口过小时，容易被粉矿或浸矿过程中产生的化学沉淀堵塞，不利于堆场通风的稳定性。因此，堆浸生产上多采用穿孔管、莎纶管等中气泡扩散器。

通过中气泡扩散器的气体在动量力的作用下形成气泡，经过膨胀和脱离两个阶段后形成直径为 $2\sim3mm$ 的球形气泡[6]。气泡在浮力、惯性力等作用下向上运动，由于气泡下表面受到的压力大于上表面，因此压力差使气泡下表面逐渐形成凹陷，且在气泡尾部诱发产生一束同向运动的微型射流[7]。射流速率随着气泡的上升而逐渐增大并接近上表面，直至射流穿透整个气泡，并在气泡顶部形成一个微型气囊，此后气泡破裂，新的气泡生成。这一过程可依次用图 6-2（a）~（f）表示。

Clift 等人[8]认为，生成后的小气泡能在水中基本保持球形并以某一恒定的速率上升，大气泡则会在运动过程中变成球帽形，除此之外，受压差、外力及溶液性质的影响，小气泡演化为大气泡的过程中也可能发展成椭球形或裙状气泡。进一步地，Churchill[9]提出可用 Re 数、Mo 数、Eo 数、气液密度比 ρ_b/ρ_l 及气液黏度比 μ_b/μ_l 等无量纲数来描述气泡的运动特性及形态变化。

$$Re = \frac{\rho_l u d}{\mu_l} \tag{6-7}$$

$$Mo = \frac{\mu_l^4 g}{\rho_l \sigma^3} \tag{6-8}$$

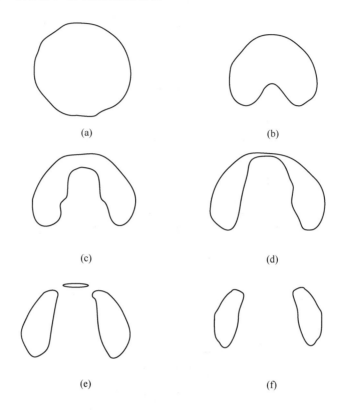

图 6-2　气泡在溶浸液上升过程中形态发展示意图

（a）初始气泡为近似球形；（b）气泡下表面形成凹陷；（c）气泡底部形成射流；

（d）射流继续穿透气泡；（e）气泡破裂及气囊生成；（f）新的气泡形成

$$Eo = \frac{\rho_1 d^2 g}{\sigma} \tag{6-9}$$

式中，ρ_b、ρ_1 分别为气泡及溶液的密度；μ_b、μ_1 分别为包裹气泡及溶液的运动黏度；u 为气泡运动速度；d 为气泡的直径；σ 为表面张力系数；g 为重力加速度。

根据以上公式，气泡在饱和-非饱和矿堆上升过程中的形态可以分成以下几类：

（1）当 $Re<300$、$Eo<1$ 时，气泡在上升过程中受到表面张力的约束，保持球形或近似球形，并呈直线或螺旋状上升。

（2）当 $Re=300\sim4000$、Eo 数及 Mo 数较小时，气泡下表面受到射流作用形成凹陷，气泡形态为椭球形或半球形；若 Eo 数及 Mo 数进一步增大，气泡则进一步发展成裙状，并呈直线摇摆状上升。

（3）当 $Re>4000$ 时，气泡由裙状过渡为球帽形，气泡的破裂、合并现象更突出，并呈不规则的紊乱状态上升。

然而，同一堆场深度时，与空气扩散器的水平距离不同，气泡的尺寸与形态发展规律也不同。气泡生成并释放后，靠近扩散器的气泡受到扩散器射流作用及劈分力的影响较大，因此其直径变化较小，不容易发生合并现象[10]。而远离扩散器的区域射流劈分力较弱，气泡在溶浸液的紊流、漩涡作用下较容易发生聚焦与合并，导致气泡较大。

综上所述，堆场中气泡上升过程中的形态主要与气泡尺寸、堆场孔隙结构及包裹气泡的溶液性质有关。筑堆过程中会出现离析现象，加剧了堆场孔裂隙之间的溶液渗流各向异性，使气泡上升过程受到矿石颗粒的润湿、挤压、吸附等作用，气泡形态及运动轨迹发生不规则变化。堆场内的溶浸液 Re 数较高时，气泡尺寸由小向大发展，达到其临界尺寸后又分裂成小气泡或微气泡，小气泡经过聚焦、合并后又可能发展为大气泡。因此，气泡在堆场中的尺寸与形态总是动态变化的，实施强制通风作业时，可根据气泡的尺寸与形态来设计空气扩散器，以获得更佳的氧传质系数。

6.2.4 堆场中气泡受力分析

饱和-非饱和矿堆中气泡上升过程受重力、浮力、表面张力及阻力等作用，气泡在不同时间段的受力是动态的、非线性的过程。气泡群在上升过程中反复发生变形、破裂、聚集及合并，形成的气泡羽流影响着溶液渗流及压力的重分布，因此，气泡受力会对堆场气流的多流态过程产生较明显的影响。

6.2.4.1 浮力

气泡在运动过程中与矿石颗粒发生接触，在孔隙中穿过时易发生变形，其体积及密度发生变化，导致浮力在动态发展。但在扩散器上方一定深度内，可假设气泡为等体积的固体球形，则气泡所受浮力 F_f 为：

$$F_f = \frac{4}{3}\pi R^3 \rho_1 g \tag{6-10}$$

式中，R 为气泡等效半径；ρ_1 为溶液密度；g 为重力加速度。

当气泡体积变化时，根据理想气体状态方程，有：

$$\frac{4}{3}\pi R^3 = \frac{C_T}{p_0} \tag{6-11}$$

$$C_T = nR_0T \tag{6-12}$$

式中，p_0 为外界气体压强；n 为气体摩尔数；R_0 为气体常数；C_T 为理想气体压强与理想气体体积的乘积；T 为热力学温度。将式（6-11）、式（6-12）代入式（6-10），则可得气泡所受浮力 F_f 为：

$$F_f = \frac{nR_0T}{p_0}\rho_1 g \tag{6-13}$$

6.2.4.2 重力

气泡在堆场中所受的重力与气体密度及气泡半径有关，气体密度通常取 1020kg/m^3，则气泡重力 F_g 为：

$$F_g = \frac{4}{3}\pi R^3 \rho_b g \tag{6-14}$$

式中，ρ_b 为气泡密度。

6.2.4.3 阻力

浸出体系中的溶浸液通常为含菌的酸性溶液，溶液黏性较大，对气泡产生一种拖拽力，从而减小气泡的上升速度，并改变气泡的运动轨迹。气泡群在上升过程中形成气泡羽流，气泡羽流的运动速度即为气泡的运动速度。当 Re 数很小时，气泡所受黏性阻力可按蠕动流理论来计算，随着 Re 数的增加，黏性阻力可按表面边界层理论来计算。气泡黏性阻力 F_d 为：

$$F_d = \frac{1}{2}C_d\pi R^2 \rho_1 u^2 \tag{6-15}$$

式中，u 为气泡上升速度；C_d 为阻力系数。当气泡上升一段距离之后速度恒定，此时气泡所受阻力与浮力相等，则阻力系数 C_d 可用 Re 数、Mo 数及 Eo 数来表示：

$$C_d = \frac{4}{3}Re^{-2}Eo^{1.5}Mo^{0.25} \tag{6-16}$$

由于气泡受力复杂，一般较难直接计算阻力 F_d 及阻力系数 C_d，但当 $Mo \geqslant 4 \times 10^3$ 时，气泡阻力系数只与 Re 数相关。在黏性溶液中，可通过下式计算阻力系数[11]：

$$C_d = \frac{16}{Re}\left\{1 + \left[\frac{8}{Re} + \frac{1}{2}\left(1 + \frac{3.315}{Re^{0.5}}\right)\right]^{-1}\right\} \tag{6-17}$$

6.2.4.4 附加质量力

堆场中气泡的运动方向与溶浸液相反，且上升时会经历一个加速的过程，此时气泡的变速运动引起表面压力的不对称分布，从而出现推动气泡运动的力大于气泡本身惯性力的现象。这种附加作用力似乎是"增加"了气泡本身的质量，因此称为附加质量力 F_a：

$$E_a = \frac{2}{3} k \pi R^3 \rho_1 \frac{\mathrm{d}u}{\mathrm{d}t} \tag{6-18}$$

$$k = 1.05 - \frac{0.066}{\left(\dfrac{u^2}{2Ra}\right)^2 + 0.12} \tag{6-19}$$

式中，k 为附加质量力经验系数；a 为气泡加速度。

6.2.5 强制通风条件下气泡上升动力学

堆浸中强制通风作业通常使用中小型气泡扩散器，由于堆场饱和-亚饱和区范围较小，因此可以假定堆场中的气泡上升过程中尺寸不发生大的变化，同时假设浸出体系中气泡内的温度为恒温，则可根据气泡的受力情况，建立浸出体系气泡上升运动的平衡方程：

$$m \frac{\mathrm{d}u}{\mathrm{d}t} = F_f - F_g - F_a - F_d \tag{6-20}$$

将上一节相关公式代入，可得：

$$m \frac{\mathrm{d}u}{\mathrm{d}t} = \frac{4}{3} \pi R^3 \rho_1 g - \frac{4}{3} \pi R^3 \rho_b g - \frac{2}{3} k \pi R^3 \rho_1 \frac{\mathrm{d}u}{\mathrm{d}t} - \frac{1}{2} C_d \pi R^2 \rho_1 u^2 \tag{6-21}$$

整理得到气泡上升运动平衡方程：

$$\frac{4}{3} \pi R^3 (\rho_b + k\rho_1) \frac{\mathrm{d}u}{\mathrm{d}t} = \frac{4}{3} \pi R^3 (\rho_1 - \rho_b) g - \frac{1}{2} C_d \pi R^2 u^2 \tag{6-22}$$

式（6-22）是在考虑气泡保持为球形的状态下建立的运动平衡方程，事实上，气泡的体积是根据外界环境而发生变化的，气泡上升时所受的压强为：

$$p = p_0 + \rho_1 g (h - z) + \frac{2\sigma}{R} \tag{6-23}$$

式中，h 为堆场饱和-非饱和区深度；z 为自堆场底部气泡扩散器起的气泡运动高度；σ 为溶浸液表面张力系数。同样，根据理想气体状态方程有：

$$\frac{4}{3}\pi R^3 \left[p_0 + \rho_1 g(h-z) + \frac{2\sigma}{R} \right] = nR_0 T \qquad (6\text{-}24)$$

上式两边对时间 t 求导，可得：

$$\left[3p_0 + \rho_1(h-z) + \frac{4\sigma}{R} \right]\frac{dR}{dt} = R\rho_1 g\frac{dz}{dt} \qquad (6\text{-}25)$$

其中，气泡上升深度对时间的导数即为气泡上升速率，即：

$$\frac{dz}{dt} = u \qquad (6\text{-}26)$$

根据式（6-26），可得气泡在浸出体系饱和-非饱和区上升时的尺寸变化规律：

$$\frac{dR}{dt} = \frac{R\rho_1 g u}{3p_0 + \rho_1(h-z) + \frac{4\sigma}{R}} \qquad (6\text{-}27)$$

由式（6-27）可见，气泡的尺寸主要与气泡初始尺寸、溶浸液密度、气泡受力平衡时的速度、上升高度及溶液表面张力有关。由于堆浸中的溶浸液性质相对稳定，因此，强制通风时可调整气泡扩散器尺寸及气压来控制气泡初始尺寸与气泡上升高度，以加速溶浸液中的氧溶解速率。

6.3 强制通风条件下堆场传热规律

6.3.1 自然通风条件下的堆场热量平衡

温度是影响硫化矿的化学反应速率的关键因素之一，提高温度有利于缩短矿物到达反应所需热力学温度的时间。然而，温度过高会影响浸矿微生物的活性，如 *At. ferrooxidans* 等嗜中温菌最佳生长温度一般为 25~35℃，当温度小于 5℃ 或高于 45℃ 时难以存活。由于硫化矿的溶解是一种不可逆的放热反应，同时考虑到硫化矿氧化速率、蒸发热损失及其他原因，堆场内温度会随着深度的增加迅速增加到 75℃ 以上[12]。例如，紫金山铜矿底部的温度达到 70℃ 以上，严重影响了浸矿微生物的生长，限制了矿石的浸出。美国 Newmont Mining 公司在 Nevada 的生物氧化堆场只含 1.4%~1.8% 的硫，却在堆场中检测到 81℃ 的高温[13]。

自然条件下的堆场热量平衡受多种因素的影响。一是对流传热，即堆场依靠流体微团的宏观运动而进行的热量传递，是由于堆场内的温度梯度，或堆场与外界环境的温度梯度所造成的对流。二是热传导，即堆场内无宏观运动时，固体、液体及气体中的热从堆场温度较高的区域自发传到温度较低的区域。三是辐射传热，即依靠电磁波辐射实现热冷物体间非接触式热量传递的过程。四是反应热，即硫化矿氧化反应过程所放出的热。其他因素包括当地气候、堆场高度、喷淋强度、微生物生长反应，以及周边环境的对流、传导和辐射热损失及蒸发等。在矿物氧化反应速率较慢和高温浸出时，蒸发带来的热量损失更明显。

自然通风条件下，辐射传热对堆场的热量影响很小，硫化矿物氧化导致的热量聚积是影响堆场热量平衡的最主要因素，因此，堆场热量主要是对流传热、热传导及反应热相互叠加的结果。

6.3.1.1 对流传热

堆场不同区域之间存在温度梯度，导致溶浸液密度差而发生流动，即自然对流。自然通风条件下，堆场内速度场与温度场相互影响和相互制约，其中溶浸液渗流速度矢量 v_i 可用流体压力及浮力来表示：

$$v_i = -\frac{k_{ij}}{n\mu_1}\left(\frac{\partial p_1}{\partial x_j} + \rho_1 g\right) \tag{6-28}$$

式中，k_{ij} 为溶液渗透系数张量；n 为矿堆总孔隙率；μ_1 为与温度有关的溶液动态黏度；p_1 为压力；x_j 为堆场高度；ρ_1 为与温度有关的溶液密度；g 为重力加速度。

强制对流即外部条件对流体运动的作用，如原地破碎浸出堆场中，空压机等通风机械引起的强制通风对空气加速流动的促进。由于流体受到温度差的作用，密度差的原因致使自然对流的发生，因此流体内的纯热传导是不可观察的[65]。流体流动下的热量对流通量为：

$$Q_m = C\rho_m v \nabla T \tag{6-29}$$

式中，Q_m 为热量对流通量，$kJ/(m^2 \cdot h)$；C 为比热容，$kJ/(kg \cdot ℃)$；ρ_m 为流体密度，kg/m^3；v 为流体流动速度，m/s；T 为温度，$℃$。

然而，由于高温边界附近混合气体受热，密度减小，即随流体密度、温差、浓度差变化而变化，则密度的变化可以采用 Boussinesq 假设，如式（6-30）所示。

$$\rho_{m(T,c)} = \rho_{m0}\left[1 - \beta_T(T - T_0) - \beta_c(c - c_0)\right] \tag{6-30}$$

式中，ρ_{m0} 为气-液二元混合物的初始密度，kg/m^3；β_T 为线膨胀系数，K^{-1}；β_c 为浓度膨胀系数，K^{-1}。

其中：

$$\beta_T = -\frac{1}{\rho_{m0}}\left(\frac{\partial \rho}{\partial T}\right)_{p,c} \tag{6-31}$$

$$\beta_c = -\frac{1}{\rho_{m0}}\left(\frac{\partial \rho}{\partial c}\right)_{p,T} \tag{6-32}$$

则由流体流动而引起的热量对流通量控制方程为：

$$\begin{cases} Q_m = C\rho_{m(T,c)} v \nabla T \\ \rho_{m(T,c)} = \rho_{m0}[1 - \beta_T(T - T_0) - \beta_c(c - c_0)] \end{cases} \tag{6-33}$$

6.3.1.2 热传导

Fourier 定律用热通量与温度梯度的线性关系描述了固-液体系中的热传导性质，假设固-液两相中热量平衡，则可用热导率 J_i 来描述 Fourier 定律，见下式：

$$J_i = -\lambda_c \frac{\partial T}{\partial x_i} \tag{6-34}$$

式中，λ_c 为考虑浸出体系中固相及液相的有效热传导率；T 为环境温度，K；x_i 为空间步长。其中：

$$\lambda_c = n\lambda_1 + (1 - n)\lambda_s \tag{6-35}$$

式中，λ_1 为堆场液相传导率；λ_s 为堆场固相传导率。

浸出过程中，溶浸液自上而下地流经堆场并与矿石发生化学反应，由于堆场的不均匀性，堆中的渗流会发生一种热力弥散效应。热力弥散效应虽然是热力弥散过程中的微观现象，却会对浸出体系宏观的热导率产生重大影响，如下式：

$$J_i = (\lambda_c \delta_{ij} + \lambda_{ij}^d)\frac{\partial T}{\partial x_i} \tag{6-36}$$

$$\lambda_{ij}^d = \rho_1 c_1 n\left[\beta_T V \delta_{ij} + (\beta_L - \beta_T)\frac{v_i v_j}{V}\right] \tag{6-37}$$

式中，λ_{ij}^d 为堆场热力弥散张量，取决于溶浸液速度；δ_{ij} 为 Kronecker 函数，当 $i=j$ 时，$\delta_{ij}=1$，当 $i \neq j$ 时，$\delta_{ij}=0$；$\rho_1 c_1$ 为溶浸液单位体积热容；β_L、β_T 分别为纵向及横向的热力弥散系数；V 为绝对速度；v_i、v_j 为速度矢量。

6.3.1.3 反应热

硫化矿反应热量 Q 是指含菌体系中矿石氧化反应过程中产生的热量，化学反应热是在等温条件下反应吸收或放出的热量，包括产物及反应物的焓值及生成热的变化[14]。根据热力学第一定律，化学反应热可采用反应焓变值来表示，焓是一个热力学系统中的能量函数，可根据单位时间、单位体积内浸出的金属量和标准状态下的焓变值来计算浸出矿物的反应热：

$$Q = \sum Q_i = \sum \frac{G_i \rho_s \Delta H_i \mathrm{d}\alpha_i}{\sigma_i \mathrm{d}t} \tag{6-38}$$

式中，Q 为单位时间、单位堆场体积内的反应热，$J/(m^3 \cdot s)$；Q_i 为单位时间、单位矿物 i 的反应热，$J/(m^3 \cdot s)$；G_i 为矿石中元素 i 的品位，%；ρ_s 为矿石密度，kg/m^3；α_i 为元素 i 的浸出率，%；ΔH_i 为元素 i 反应的焓变值，kJ/mol；σ_i 为氧的总计量系数。

硫化矿中主要矿物包括黄铜矿、黄铁矿、辉铜矿、铜蓝等，其溶解反应方程式及反应热如表6-2所示。

表6-2 硫化矿主要矿物溶解反应方程及反应热

矿物类型	反应方程式	反应热/$kJ \cdot mol^{-1}$
黄铜矿	$CuFeS_2 + 4O_2 \xrightarrow{细菌} CuSO_4 + FeSO_4$	−176.983
铜蓝	$CuS + 2O_2 \xrightarrow{细菌} CuSO_4$	−48.575
辉铜矿	$Cu_2S + H_2SO_4 + 2.5O_2 \xrightarrow{细菌} 2CuSO_4 + H_2O$	−80.115
斑铜矿	$Cu_5FeS_4 + 9O_2 + 2H_2SO_4 \xrightarrow{细菌} 5CuSO_4 + FeSO_4 + 2H_2O$	−307.817
黄铁矿	$FeS_2 + 3.5O_2 + H_2O \xrightarrow{细菌} H_2SO_4 + FeSO_4$	−171.544
硫铁矿	$2FeS + 5.5O_2 + H_2O \xrightarrow{细菌} H_2SO_4 + 2FeSO_4$	−100.960

为了便于计算，可按每单位重量的硫化矿氧化反应生成热量来评估堆场的热量平衡状态。主要硫化铜矿及其伴生矿物的生成热量如表6-3所示。

表 6-3　部分硫化矿的氧化反应生成热量

矿物类型	化学式	反应热量/kJ·kg 矿$^{-1}$
黄铁矿	FeS_2	12481
磁黄铁矿	$Fe_{1-x}S$	-11373
砷黄铁矿	$FeAsS$	-9415
黄铜矿	$CuFeS_2$	8686
铜蓝	CuS	8190
辉铜矿	Cu_2S	6218
方辉铜矿	Cu_9S_5	6877
斑铜矿	Cu_5FeS_4	7292
镍黄铁矿	$(Ni, Fe)_9S_8$	-10174

6.3.1.4　堆场热量平衡方程

根据上述分析，可推导出自然风压条件下的堆场热量平衡方程：

$$\frac{\partial}{\partial t}(\rho c T) = -\frac{\partial}{\partial x_i}(n v_i \rho_1 c_1 T) + \frac{\partial}{\partial x_i}\left(\lambda_{ij}\frac{\partial T}{\partial x_j}\right) + \sum \frac{G_i \rho_s \Delta H_i \mathrm{d}\alpha_i}{\sigma_i \mathrm{d}t} \quad (6\text{-}39)$$

式中，ρc 为堆场单位体积热容，可表示为：

$$\rho c = n p_1 c_1 + (1 - n)\rho_s c_s \quad (6\text{-}40)$$

式中，$\rho_s c_s$ 为矿石颗粒单位体积热容。

矿堆的温度场可用一定空间内所有点上的温度值来描述[66]。在直角坐标系中，可用方程表述为 $T = f(x, y, z, t)$ 的形式。经典的热传导方程包括能量守恒方程、动量守恒方程、连续性方程。

$$\begin{cases} \rho_{\mathrm{ore}} c_{\mathrm{ore}}\left(\dfrac{\partial T}{\partial t} + v_0 \nabla T\right) = \lambda \nabla^2 T + Q_0 \\[2mm] \dfrac{\partial p}{\partial t} + \nabla(\rho_{\mathrm{ore}} v) = 0 \\[2mm] \rho_{\mathrm{ore}}\left(\dfrac{\partial v}{\partial t} + v_0 \nabla v\right) = -\nabla p + \mu \nabla^2 v + \rho_{\mathrm{ore}} + F \end{cases} \quad (6\text{-}41)$$

式中，λ 为热传导系数，$W/(m \cdot K)$；v 为流体速度，m/s；T 为温度，$℃$；t 为时间，h；F 为体积力，N；Q_0 为热生成量，$J/(m^3 \cdot s)$。

根据傅里叶热传导定律和能量守恒定律，可得到矿体骨架的热量传输方程为：

$$(1-n)(\rho_s c_s)\frac{\partial T}{\partial t} = (1-n)\lambda_s \nabla T^2 + q_s \tag{6-42}$$

根据气体渗流和液体渗流的基本微分方程，假定气-液两相流体为单一的物化组成稳定的二元混合物，二元混合物的密度、动力黏度的计算如式（6-43）所示。

$$\begin{cases} \rho_m = S_g \rho_g + S_w \rho_w \\ \mu_m = S_g \mu_g + S_w \mu_w \end{cases} \tag{6-43}$$

式中，ρ_m 为气-液混合物的密度，kg/m^3；S_g 为气体饱和度；ρ_g 为气体密度，kg/m^3；S_w 为液体饱和度，$S_g + S_w = 1$；ρ_w 为气体密度，kg/m^3；μ_m 为气-液混合物动力黏度，$Pa \cdot s$；μ_g 为气体动力黏度，$Pa \cdot s$；μ_w 为液体动力黏度，$Pa \cdot s$。

假设溶浸液在汽化过程中所吸收的热量，即汽化潜热为 q_w，将式（6-43）代入式（6-41）中的能量守恒方程，可以得到气-液二元混合物的热量传输方程：

$$n\rho_m c_m \frac{\partial T}{\partial t} + \rho_m c_m v_m \nabla T + n\rho_w q_w \frac{\partial S_w}{\partial t} = n\lambda_h \nabla T^2 + q_m \tag{6-44}$$

式中，c_m 为气-液二元混合物的比热容，$kJ/(kg \cdot ℃)$；v_m 为二元混合物的流速，m/s。

6.3.2 强制通风对堆场传热的影响

强制通风的主要作用之一是向堆场提供 O_2 及 CO_2 等有用气体，另一主要作用是调节堆场温度，即通过外加气压在堆场内部形成强制对流，使堆内温度处于有利于微生物生长的范围。因此，温度不仅成为生物浸出的限制因素，在经济的条件下，更是选择矿物最有效浸出环境的重要参数。

多孔介质体系中的热传导，一般认为只在固体及静止状态的溶液之间发生，然而，多孔介质体系通常存在不规则的微气流运动，促进了体系内部的温度时空变化。强制通风时，大量的气泡被鼓入矿堆，产生过饱和的气、液两相流或气泡羽流，进而在堆场内形成自下而上的微气流。这种微气流的存在在一定程度上影响了堆场的热平衡。

堆浸时，堆场内表征单元体之间的气体存在温度差与压力梯度，因此，一方面，堆内形成以温差为基础的热力对流，温差越大，微气流运动越显著；另一方面，堆内也会形成气压气流。温差气流与气压气流共同决定了堆内微气流的运动速度与方向。微气流是气体及热量的载体，把堆底的热量、气体输送至堆场不同区域，自下而上地影响着堆场的热量平衡及其重新分布。

考虑堆场微气流时，堆场中的气流传输模型与通风强度、气压及气体密度有关，堆中气体质量守恒方程为：

$$n\frac{\partial c_i}{\partial t} = -\frac{\partial(v_g c_i)}{\partial x_j} + \frac{\partial}{\partial x_j}\left(D_{ij}\frac{\partial c_i}{\partial x_j}\right) + G_i \tag{6-45}$$

式中，c_i 为堆场中气体第 i 个分量的密度；v_g 为气体对流速度；D_{ij} 为气体第 i 个分量的扩散系数；G_i 为堆场中气体第 i 个分量的气流速率。

其中，气体对流速度通过下式来计算：

$$v_g = -k\frac{k_{rg}}{\mu_g}\frac{\partial p_g}{\partial x_i} \tag{6-46}$$

式中，k 为渗透系数张量；k_{rg} 为气体相对渗透系数；μ_g 为气体动态黏度；p_g 为堆场内气压。

综上所述，微气流对堆场热量平衡起积极作用，与自然通风条件相比，强制通风时堆场热量平衡影响因素主要包括对流传热、溶液热传导、微气流热传导及反应热，由此推导出堆场热量平衡表达式为：

$$\frac{\partial}{\partial t}(\rho cT) = -\frac{\partial}{\partial x_i}(nv_i\rho_l c_l T) + \frac{\partial}{\partial x_i}(nv_i\rho_g c_g T) + \frac{\partial}{\partial x_i}\left(\lambda_{ij}\frac{\partial T}{\partial x_j}\right) + \sum\frac{G_i\rho_s\Delta H_i d\alpha_i}{\sigma_i dt} \tag{6-47}$$

式中，$\rho_g c_g$ 为堆场中气体的单位体积热容。

6.3.3 堆场温度分布的空间异质性

硫化矿生物堆浸时堆内的温度分布普遍存在空间异质性，矿堆高度不同时温度不同，矿堆同一高度的不同区域温度也不同。堆场温度对改善浸矿微生物活性及矿石浸出率极为重要，但生产中很难准确、方便地测量堆场不同区域的温度，导致现有的通风模式较难达到高效通风的要求。解决思路之一是测量堆场若干关键位置的温度，并以此为基础，用可靠的理论模型来预测堆场不同时间、不同区域的温度分布规律，从而为确定以温度为监测指标的强制通风强度、通风方式提供基础设计数据。

6.3.3.1 温度空间异质性描述方法

本书采用空间变异性理论中的地统计学方法来描述堆场温度分布变化规律。地统计学的基础主要是区域化变量理论，主要工具为变异函数，以此研究某个变量在系统空间的结构性分布或随机性分布，以及变量在某个空间尺度上的相关性[15-16]。地统计学能提供众多工具来定量地描述、解释研究对象的空间变化特性，如空间自相关分析、协半变异函数、半变异函数、协自相关函数等，还能建立相关的空间预测模型，并以此为基础开展空间数据的插值和统计。

半变异函数是地统计学最常用的模型，半变异函数是距离的函数，只有在最大间隔的 1/2 范围内才有意义。堆场内的温度是一种随着空间位置的变化而变化的区域化变量，可用区域化变量理论及方法来表征。若区域内温度的空间异质性在同一尺寸效应范围内，则半变异函数 $\gamma(h)$ 可表示为：

$$\gamma(h) = \frac{1}{2N(h)} \sum_{i=1}^{N(h)} [Z(x_i) - Z(x_i + h)]^2 \qquad (6-48)$$

式中，$N(h)$ 为分隔距离为 h 时的样本对数总数；$Z(x)$ 为满足二阶平稳条件的区域化随机变量；$Z(x_i)$、$Z(x_i+h)$ 分别为 $Z(x)$ 在空间位置 x_i 和 x_i+h 上的温度变量观测值；h 为滞后距，即分隔两个观测点的距离。

6.3.3.2 堆场温度半变异函数模型

若要实现堆场未监测点的准确估值，必须保证空间结构分析的可靠性，使变异函数能够准确地描述温度在区域内的变化规律。这要求对半变异函数模型进行最优拟合，得到最优的理论模型及变异函数模型曲线。半变异函数理论模型主要有球状模型、线性模型、指数模型及高斯模型，模型的选用主要通过经验或实测数据等途径来实现。

硫化铜矿堆浸的不同浸出时期，通常采用不同喷淋速率及通风强度，以在满足堆场氧浓度的同时减少强制通风的动力消耗。尽管堆场不同区域的温度差异较大，但在同一尺寸效应范围内的变化却不是完全随机的，而是在区域内有规律地变化，并满足地统计学的统计特性。类似地，可以认为堆场某一区域范围内的温度分布主要取决于确定性变异。

竖直方向上，由于初始温度、矿石氧化程度及热量交换过程不同，同一剖面内堆场上部、中部及下部的温度变化规律也存在差异。堆内的温度梯度主要受溶液及气流的对流传热、热传导的影响，由于筑堆过程中矿堆是被逐层压实的，因此矿堆孔隙率从上而下变化很大，矿堆在热量平衡过程中温度在竖直方向上一般表现出非线性变化。

水平方向上，强制通风时，通风管网通常布置在堆场底部，由于不同方向上的气体渗透系数存在各向异性现象，气体对矿堆同一高度不同区域的温度影响程度亦有所差别。同一水平方向上不同区域的温度变化与该位置离通风点的距离有关，距离越近，通风对温度的影响越明显。

因此，以堆底或空气扩散器为中心，竖直方向及水平方向上的半变异函数 $\gamma(h)$ 均可通过球状模型来拟合：

$$\gamma(h) = \begin{cases} 0 & h = 0 \\ C_0 + C\left(\dfrac{3}{2}\dfrac{h}{a} - \dfrac{1}{2}\dfrac{h^3}{a^3}\right) & 0 < h \leqslant a \\ C_0 + C & h > a \end{cases} \tag{6-49}$$

式中，C_0 为块金值；C 为拱高；C_0+C 为基台值；h 为两个相邻观测点的距离，m；a 为变程，m。

根据以上模型，在有限的观测值情况下，可外推出堆场不同位置的温度及温度分布的空间关系。堆内温度在同一尺寸效应的区域范围内变化并非是独立的，而是彼此相关的。因此，可以根据实测数据及半变异函数模型获得不同方向的变程，进而采用克里格插值法对未测点的温度值进行最优内插估值，并获得堆场不同方向上的温度等值线图。堆场温度异质性越明显时，温度等值线越密，反之则越疏，根据等值线的疏密情况即可识别出堆场内温度分布的空间异质性，进而确定强制通风的强度及方式。

6.4 强制通风对浸矿微生物迁移的影响

6.4.1 浸矿微生物迁移机制与影响因素

溶浸液及浸矿微生物到达浸矿区域并与矿石发生反应是矿石浸出的前提之一。业界对堆场的溶液渗流机制及影响因素研究较多，对微生物的迁移机制研究却较少。部分学者认为多孔介质中的浸矿微生物是随着溶浸液的流动而迁移的，事实情况却不完全是这样。Wood 及 Harvey[17-18]的试验表明，微生物在土壤中迁移的速率不仅大于溶液渗流速率，也大于作为示踪剂的某些化学物质的迁移速率。在大孔隙的多孔介质体系中，由于溶液优先流的存在，微生物迁移速率快，部分微生物在水平方向及竖直方向上的迁移距离可达 830m[19-20]。这种现象是由于复杂的微生物迁移机制引起的，微生物在多孔介质中迁移机制主要分为物理过程、地球化学过程及生物过程。

6.4.1.1 物理过程

物理过程最主要的表现形式为对流-弥散作用，包括对流迁移、平流迁移及水动力弥散，目前微生物在多孔介质中的迁移模型大多建立在对流-弥散作用的基础上[21]。对流及平流是指微生物随着溶液的流动而迁移，且微生物迁移速率受溶液渗流速率控制。水动力弥散包括扩散及机械弥散，其中扩散是由分子的不规则热运动及布朗运动引起的微生物从高浓度区域向低浓度区域迁移的现象，而机械弥散是由于堆场颗粒间或颗粒内的孔隙通道变化而引起的微生物分散型的迁移。由于堆内渗流的各向异性，浸矿微生物的机械弥散作用比扩散作用更重要。

弥散带则是在矿堆中形成的按照细菌浓度由高到低划分的混合过渡带。微观角度上，溶浸液在孔隙中渗流速度的变化造成了渗流弥散，如图 6-3 ~ 图 6-5 所示。

（1）溶浸液的黏滞性与孔隙壁的摩擦阻力导致单一孔隙边缘及中心位置产生不同的溶液流速，从而导致抛物面流线型渗流弥散的形成。

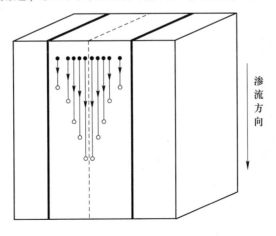

渗流方向

图 6-3 抛物面流线型渗流弥散

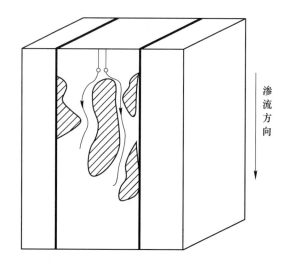

图 6-4　孔隙直径差异导致的渗流弥散

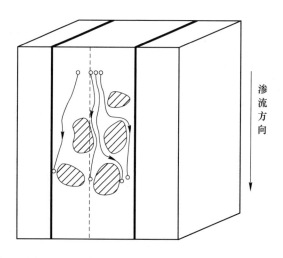

图 6-5　孔隙弯曲程度差异导致的渗流弥散

（2）基于帕叶斯定律，溶浸液在直径大小不同的孔隙中的流速存在差异，且孔隙半径的四次方与流量成正比。

（3）溶液在不连通的孔隙或封闭孔隙内难以流动，该情况下流体微观速度主要受孔隙的连通程度和弯曲程度的影响。

6.4.1.2　地球化学过程

地球化学过程指微生物之间或微生物与矿石之间发生的过滤、吸附、解吸及沉积等一系列过程，从而影响微生物的迁移速率及迁移行为。过滤是由于微生物无法通过小于自身尺寸的矿堆孔隙而造成的迁移滞留，过滤作用可能在堆场的任意深度发生，特别是孔隙率较小的堆场中部及底部。

多孔介质中细菌粒径明显小于孔隙直径的情况下，吸附作用是浸矿细菌在矿堆中迁移行为受到影响的主要因素[67]，如图 6-6 所示。浸矿微生物的吸附可分为两个过程，首先是微生物在静电吸引力、范德华力、表面张力等作用下在矿石颗粒表面发生初级吸附，其次是微生物生长繁殖并产生胞外聚合物（EPS），导致更多的微生物吸附[22]。微生物的吸附同时发生在固-液界面及气-液界面，但微生物与固体界面存在静电斥力，而与气-液界面则相互吸引。微生物在矿石颗粒表面的吸附通常是可逆的，在 pH 值、电位、温度、培养基浓度改变时，吸附的微生物可从颗粒表面解吸出来，从吸附微生物转化为游离微生物。

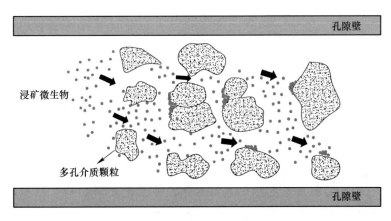

图 6-6　浸矿细菌迁移过程中的吸附作用

此外，微生物的迁移还受沉积作用限制。微生物沉积是指微生物密度超过溶液密度，且沉积趋势大于渗流趋势时在孔隙处的沉降过程。*At. ferrooxidans* 通常约 $0.5\mu m$ 长、$0.1\mu m$ 宽，细菌密度约为 $1g/mL$，球状微生物体型则更小，鉴于浸矿微生物尺寸及密度较小，沉降作用对微生物的阻碍作用有限。

6.4.1.3　生物过程

生物过程是指浸矿微生物在运动、生长、繁殖、衰亡等过程中发生的微生物数量与运动行为的变化。生物过程主要是受生长环境的变化而引起的，浸矿微生物一般为化学自养的好氧微生物，在能源、pH 值、温度、O_2 浓度等外界因素改变时会表现出趋化性运动，从而使其在生长繁殖中具有竞争优势。*At. ferrooxidans* 对金属离子及 O_2 浓度均有趋化性质[23]。趋化性是微生物为适应环境变化而产生的一种生物属性，也是重要的迁移机制之一。

6.4.1.4 浸矿微生物迁移机制的影响因素

浸矿微生物的以上三种迁移机制受到多种因素的影响，主要包括：

（1）矿石性质。矿石的矿物种类、粒径、形态、孔隙率及其连通性、含水率等性质都会对微生物的迁移产生影响。矿石的矿物种类决定了颗粒表面的电荷类型，如金属硫化物表面一般带正电荷，而微生物表面一般带负电荷，两者的静电引用有利于微生物在矿石颗粒表面的吸附。矿石的粒径与形态控制着微生物与矿石接触的比表面积，以及微生物在矿石表面的接触角，从而决定了微生物在矿石表面的吸附量。

堆场的孔隙率及其连通性对微生物的迁移最为关键，大孔隙率时溶液渗流速率较大，因此基于对流-弥散作用的微生物迁移速率也较快，小孔隙率时微生物则容易发生沉降与堵塞。此外，堆场的含水率与微生物的滞留量息息相关，如含水率降低时微生物在固-液界面的吸附作用增强，而不饱和矿堆中气-液界面的增加也有利于提高微生物的吸附量。

（2）溶液渗流。溶液渗流对微生物迁移的影响主要通过喷淋强度及喷淋制度来实现。喷淋强度较大时，堆场内的溶液渗流速率较大，因此微生物在矿石表面的滞留时间及滞留数量都会大大减小，不利于微生物的吸附。为了让堆场吸入更多的氧，堆浸时也通常采用休闲喷淋制度，如紫金山铜矿堆浸时前期是喷淋 2 天休闲 2 天，后期是喷淋 3 天休闲 1 天；这种喷淋制度有利于在堆场内形成更多的气-液界面，从而改善微生物的迁移与生长条件。

（3）微生物生化性质。浸矿微生物的表面电荷、亲水性、形态与尺寸等生化性质从不同角度影响微生物的迁移机制。浸矿微生物一般为革兰氏阴性菌，这类细菌表面带负电荷，且细胞壁表面含大量羟基、羧基、磷酸盐及少量氨基。在 pH<2 时，细菌细胞壁呈中性，但 pH 值继续升高会引起表面有机官能团去氢离子作用，从而使细菌呈负电荷。由于硫化矿通常带正电荷，因此与微生物容易产生吸附作用。

另外，微生物表面一般同时存在极性分子和非极性分子，其疏水性或亲水性取决两种极性分子间的相互作用。当微生物表现出疏水性时，微生物更容易在气-液界面吸附。此外，微生物越接近球形、尺寸越小，其物理过程的迁移越明显。

（4）环境因素。环境因素包括温度、压力、pH 值、盐浓度等。温度能影响浸矿微生物体内酶的活性、生理代谢、基团吸附等因素，从而影响微生物的数量与活性。外界压力降低时溶浸液中的溶解氧浓度也降低，微生物的生长繁殖有可能受到抑制。由于微生物等电点较低，当堆浸体系 pH 值升高时矿石与微生物表面均带负电，两者产生的静电斥力减少了微生物的滞留量。

6.4.2 竖直方向微生物迁移与分布特征

矿堆中，浸矿微生物的迁移与溶浸液的流动及 Fe^{2+}、O_2 等生长物质的变化情况密切相关，在 O_2 充足及 O_2 受限的区域表现出截然不同的分布特征，而微生物在堆场竖直方向上的浓度变化是影响生物浸出的关键因素之一。

6.4.2.1 非饱和矿堆竖直方向上微生物迁移模型

对流-弥散作用是多孔介质体系中微生物迁移的主要机制，国内外学者大多在对流-弥散的基础上，考虑吸附及解吸过程后，建立相关的数学模型来描述微生物在多孔介质中的迁移[24]。在饱和砂土中，微生物的迁移模型可用下式表示[25-26]：

$$\frac{\partial C_1}{\partial t} = \alpha \frac{q}{n} \frac{\partial^2 C_1}{\partial z^2} - \frac{q}{n} \frac{\partial C_1}{\partial z} - k_1 C_1 + k_2 \frac{A_S \rho}{\phi} C_S \qquad (6\text{-}50)$$

式中，C_1 为溶浸液中浸矿微生物浓度，个/cm^3；t 为接种后时间，h；α 为弥散系数，cm；q 为达西速度，cm/h；n 为相对孔隙度；z 为从堆场顶部起算的堆场深度，cm；k_1 为考虑微生物在矿石表面吸附时的过滤系数，1/h；k_2 为微生物解吸常数，1/h；A_S 为矿石颗粒表面可用于微生物吸附的比表面积，cm^2/g；ρ 为堆场容积密度，g/cm^3；ϕ 为堆场孔隙率，%；C_S 为矿石颗粒表面的微生物浓度，个/cm^2。

当考虑堆场体积含水率变化时，式（6-50）可用于描述非饱和稳定流分析。其中，矿石颗粒表面的微生物浓度 C_S 是在考虑过滤作用时溶液中微生物浓度消耗量的函数，吸附后的微生物可能根据下式进一步解吸：

$$\frac{\partial C_S}{\partial t} = k_1 \frac{\phi}{A_S \rho} C_1 - k_2 C_S \qquad (6\text{-}51)$$

强制通风后，由于堆场中形成大量气泡，堆场的非饱和区域进一步扩大，气-液界面也逐渐增多，因此微生物在气-液界面吸附而引起的沉降作用也开始显现。微生物在气-液界面的吸附受到范德华力、静电力及毛细力的共同作用，这些作用力大大超过微生物解吸的能量，因此吸附过程被认为是不可逆的[27]。综上，考虑气-液界面上的微生物吸附时，非饱和矿堆中的浸矿微生物浓度 C_1 在竖直方向上的变化规律可用以下方程来表示：

$$\frac{\partial C_1}{\partial t} = \alpha \frac{q}{n} \frac{\partial^2 C_1}{\partial z^2} - \frac{q}{n} \frac{\partial C_1}{\partial z} - k_1 C_1 + k_2 \frac{A_S \rho}{\phi} C_S - k_3 C_1 \qquad (6\text{-}52)$$

类似地，有：

$$\frac{\partial C_S}{\partial t} = k_1 \frac{\phi S_W}{A_S \rho} C_1 - k_2 C_S \qquad (6\text{-}53)$$

式中，k_3 为微生物在气-液界面上的吸附系数，$1/h$；S_W 为堆场含水率，%。

6.4.2.2 微生物趋化性运动对迁移的影响

非饱和矿堆中的微生物迁移模型较适用于堆场中孔隙率较大、渗透性良好的区域，浸矿微生物在这些区域中的迁移速率与溶液渗流速率相当。然而，堆浸周期通常长达数月甚至数年，在机械碾压、物理堵塞及化学沉淀的复合作用下，堆场中部及下部孔隙率会大大减小，溶液无法继续向下渗透，浸矿微生物的数量会急剧减少。

Fierer 等人[28]分析了 2m 长的非饱和土柱中的微生物群落分布特征，发现土壤表面 25cm 以下的微生物浓度比土壤表面浓度低 1~2 个数量级，25cm 以上的微生物数量占全部数量的约 35%，同时 25cm 以下的微生物活性也远低于表面微生物。类似地，高琼[29]测试了大肠杆菌在非饱和砂土中的浓度分布规律（见图6-7），发现细菌数量随着砂土柱深度的增加而急剧减小。

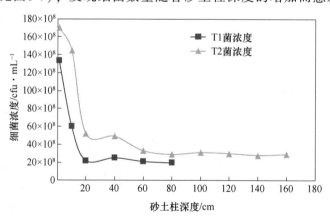

图 6-7 细菌在非饱和砂土柱竖直方向的分布规律

微生物数量随着堆场深度而急剧变化的部分原因是堆场中部及底部孔隙率低，导致对流-弥散作用这一物理过程减弱。然而，堆场中的孔隙率即使变化，大部分区域的孔隙尺寸也应大于浸矿微生物的尺寸（通常为微米级），生物过程可能也是不容忽视的因素。在微生物迁移至矿堆中下部且氧气浓度充足的情况下，碳源、Fe^{2+}等能源物质的短缺很可能引起微生物数量及活性的降低。

浸矿微生物大多是化能自养的好氧微生物，通过固定碳酸盐或者CO_2中的碳源作为生长能源，在低O_2及CO_2浓度环境下生长受到抑制。堆浸中堆场高度往往高达数十米，且自然通风条件下O_2及CO_2溶解度较低，因此溶解氧浓度及CO_2浓度容易成为阻碍浸矿微生物向下迁移的限制性因素。强制通风可提高堆场中部及底部的溶解氧浓度及CO_2浓度，诱使浸矿微生物朝较高O_2及CO_2浓度方向作趋化性运动。浸矿微生物趋氧性运动与氧气浓度的关系可用图6-8来表示。

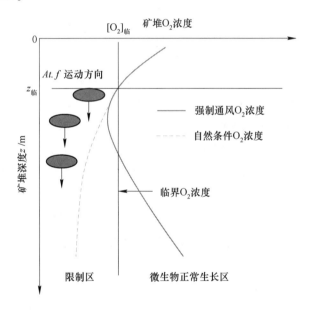

图6-8 浸矿微生物趋氧性运动与堆场氧气浓度关系

微生物群落在低氧或无氧条件下倾向于朝适合最佳生长氧气浓度的区域运动。类似地，浸矿微生物的生长存在一种临界氧浓度（一般为$0.005\sim0.018mmol/L$），当外界的溶解氧浓度低于此值时，微生物生长受到抑制甚至中断。微生物正常生长的氧需求量为$10\sim25mmol/(L\cdot h)$，仅靠自然扩散时，堆场中下部的氧气浓度易降低至临界氧浓度以下[30]，因此微生物将朝着有利于自身生长的区域作趋氧性运动。

6.5 通风强化矿石浸出作用机制

6.5.1 硫化铜矿化学反应需氧量

6.5.1.1 硫化矿氧化途径

自然界中，硫化铜矿主要包括次生硫化铜矿及原生硫化铜矿。次生硫化铜以辉铜矿（Cu_2S）及铜蓝（CuS）为主，一些中间价态的硫化矿通常与辉铜矿伴生，如方辉铜矿（Cu_9S_5）、蓝辉铜矿（$Cu_{1.8}S$）、久辉铜矿（$Cu_{1.96}S$）、斜方蓝辉铜矿（$Cu_{1.75}S$）等。原生硫化铜矿主要有黄铜矿（$CuFeS_2$）、方黄铜矿（$CuFe_2S_3$）、斑铜矿（Cu_5FeS_4）等。黄铁矿（FeS_2）是广泛伴生或共生于硫化铜矿床中的硫化矿物，类似的硫化矿还包括磁黄铁矿（$Fe_{1-x}S$）、砷黄铁矿（$FeAsS$）、镍黄铁矿 $[(Ni，Fe)_9S_8]$ 及硫铁矿（FeS）。

酸性条件下，硫化矿在嗜酸好氧微生物的催化作用下发生氧化反应，将固态的金属矿物转变成可溶性的金属离子，同时矿物中的低价硫化物被氧化成高价硫化物。硫化矿生物浸出有两种机理[31]：一是微生物直接吸附在矿石颗粒表面并通过生物酶促进矿物氧化；二是微生物将 Fe^{2+} 直接氧化为 Fe^{3+}，从而为矿物氧化反应提供氧化剂，矿物的溶解是通过硫代硫酸盐途径或多硫化合物途径完成的。

根据反应中间产物及最终产物类型，硫化矿浸出可分成硫代硫酸盐途径及多硫化合物途径两种机理（见图6-9）。硫化矿生物浸出一般是质子腐蚀和 Fe^{3+} 氧化两者结合的化学反应过程，且与矿物的电子构型密切相关[32]。含金属离子轨道产生的价带的硫化矿（如黄铁矿、辉钼矿和硫钨矿）无法被质子腐蚀，反应的中间产物主要是 $S_2O_3^{2-}$、$S_nO_6^{2-}$ 等硫代硫酸盐，硫代硫酸盐不稳定，很快会被氧化成 SO_4^{2-}，此类酸难溶性硫化矿是通过硫代硫酸盐途径浸出的。而由金属离子和硫化物共同产生价带的硫化矿（闪锌矿、方铅矿、砷黄铁矿和黄铜矿等）却在某种程度上能被酸溶解，而且与 Fe^{3+} 的反应都会生成中间产物单质硫 S^0，S^0 会进一步被氧化成 SO_4^{2-}，此类矿石通过多硫化合物途径浸出。

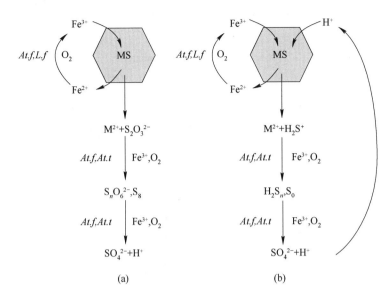

图 6-9 含菌酸性环境下硫化矿溶解途径

（a）硫代硫酸盐途径；（b）多硫化合物途径

无论是硫代硫酸盐途径还是多硫化合物途径，硫化矿反应过程中通常采用氧气为氧化剂，由于在浸出中所有的硫都转化为硫酸盐，故造成极大的氧气消耗[33]。另外，反应中微生物利用分子、还原性无机硫化物及亚铁离子作为电子供体，用铁离子及氧为电子受体[34]。例如，黄铁矿浸出过程中，Fe^{2+} 被 *At. ferrooxidans* 氧化时以细菌体内的细胞色素为电子传递链，以矿物表面分子氧或含氧层为最终的电子受体。

矿物大多是半导体，在堆浸体系中常表现出原电池效应，电子从固体矿物转移到反应物中，同时溶解的离子或分子朝矿物颗粒表面移动，使矿物不断溶解，如图 6-10 所示。

如图 6-10 所示，以酸溶性矿石为例，硫化矿的溶解反应可分成几个步骤。

首先，在硫化矿 MS 阴极反应区中，氧被吸收至矿石颗粒表面：

$$0.5O_2 + H_2O + 2e^- \longrightarrow 2OH^- \tag{6-54}$$

其次，硫化矿 MS 表面阳极区域被不断氧化，矿物中的硫被转化成中间产物硫元素：

$$MS \longrightarrow M^{2+} + S^0 + 2e^- \tag{6-55}$$

再次，硫元素 S^0 进一步被氧化成稳定的硫酸盐：

$$S^0 + 1.5O_2 + H_2O \longrightarrow 2H^+ + SO_4^{2-} \tag{6-56}$$

综上，硫化矿 MS 的总体反应式可用下式来描述：

$$MS + 2O_2 \longrightarrow MSO_4 \tag{6-57}$$

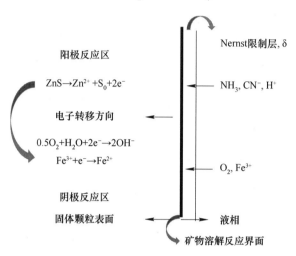

图 6-10   微生物作用下硫化矿电化学反应示意图

6.5.1.2 硫化矿化学反应过程

堆浸及搅拌浸出过程中，氧气供应量及氧输送效率很可能会成为矿石浸出的限制因素[35]。一般情况下，矿石浸出的难度与化学反应需氧量的大小成正比，即化学需氧量大的矿物较难浸出，需氧量小的矿物较易浸出。常见的硫化铜矿及其伴生硫化矿的总反应方程如下：

$$Cu_2S + 1.25O_2 + Fe_2(SO_4)_3 \xrightarrow{\text{细菌}} 2CuSO_4 + 2FeSO_4 + 0.5S^0 \tag{6-58}$$

$$CuS + O_2 + 0.5Fe_2(SO_4)_3 \xrightarrow{\text{细菌}} CuSO_4 + FeSO_4 + 0.5S^0 \tag{6-59}$$

$$Cu_5FeS_4 + 4.5O_2 + H_2SO_4 + 3Fe_2(SO_4)_3 \xrightarrow{\text{细菌}} 5CuSO_4 + 7FeSO_4 + H_2O + 2S^0$$

$$\tag{6-60}$$

$$CuFe_2S_3 + 4O_2 + Fe_2(SO_4)_3 \xrightarrow{\text{细菌}} CuSO_4 + 4FeSO_4 + S^0 \tag{6-61}$$

$$Cu_3AsS_4 + 5.25O_2 + Fe(SO_4)_3 + 1.5H_2O \xrightarrow{\text{细菌}} 3CuSO_4 + 2FeSO_4 + H_3AsO_4 + 2S^0$$

$$\tag{6-62}$$

$$CuFeS_2 + 2.5O_2 + H_2SO_4 \xrightarrow{\text{细菌}} CuSO_4 + FeSO_4 + H_2O + S^0 \quad (6-63)$$

因硫化矿反应生成的最终产物都含 SO_4^{2-}，故可根据元素质量守恒定律计算出化学反应需氧量。根据以上化学反应式，常见硫化铜矿溶解反应的化学需氧量如表 6-4 所示。

表 6-4　硫化矿化学反应需氧量

编号	硫化矿类型	浸出 1mol Cu 需氧量/mol
1	Cu_2S	0.625
2	CuS	1
3	$CuFeS_2$	2.5
4	$CuFe_2S_3$	4
5	Cu_5FeS_4	0.9
6	Cu_3AsS_4	1.75

浸出体系中，发生导体与半导体矿物之间的原电池效应对矿物浸出有重要的影响，电子流会从高电位颗粒转移到低电位颗粒上形成原电池。在同一浸出环境下，黄铁矿的静止电位通常高于硫化铜矿，因此黄铁矿充当原电池的阴极而受到保护，而低静止电位的硫化铜矿则充当阳极被溶解，由此提高了整个浸出体系的浸出速率。堆场中氧气不足时黄铁矿的化学反应见式 (6-64)，氧气充足时见式 (6-65)：

$$FeS_2 + Fe_2(SO_4)_3 \longrightarrow 3FeSO_4 + 2S^0 \quad (6-64)$$

$$FeS_2 + 3.5O_2 + H_2O \xrightarrow{\text{细菌}} FeSO_4 + H_2SO_4 \quad (6-65)$$

黄铁矿一方面能促进硫化铜矿的浸出速率，另一方面也与黄铜矿等矿物形成竞争性浸出，因为黄铁矿的存在使浸出体系氧化还原电位处于较高的范围，高电位虽然有利于辉铜矿和黄铁矿的浸出，却抑制了黄铜矿的浸出。Petersen 等人[36]发现，当大部分辉铜矿和部分黄铜矿浸出后，电位上升至不利于黄铜矿浸出的范围而引起钝化，此时黄铜矿的浸出几乎停止，只有黄铁矿继续浸出。因此，硫化铜矿中的黄铁矿含量会极大地影响矿堆耗氧量及目标铜矿物的浸出。黄铁矿可能促进也可能抑制硫化铜矿的浸出。

此外，在浸出过程中，大量硫酸亚铁被氧化成硫酸铁，当亚铁氧化生成

的 Fe^{3+} 浓度超过了溶解度或溶液 pH 值增大到一定程度时，硫酸铁会根据下面反应式进一步水解成黄钾铁矾[37]。在有氧条件下，这些沉淀主要在堆内的矿石孔隙外部形成。

$$2FeSO_4 + H_2SO_4 + \frac{1}{2}O_2 = Fe_2(SO_4)_3 + H_2O \tag{6-66}$$

$$3Fe_2(SO_4)_3 + 0.8K_2SO_4 + 12H_2O = 2K_{0.8}H_{0.2}Fe_3(SO_4)_2(OH)_6 + 5.8H_2SO_4 \tag{6-67}$$

假设浸出 1mol Cu 时需氧量为 $\beta_1(mol)$，每浸出 1mol 硫化铜矿的同时浸出黄铁矿 $\beta_2(mol)$，浸出黄钾铁矾等沉淀 $\beta_3(mol)$，则硫化矿中每浸出 1mol Cu 的实际需氧量 β 为：

$$\beta = \beta_1 + 3.5\beta_2 + 0.75\beta_3 \tag{6-68}$$

低品位硫化铜中黄铁矿与硫化铜的摩尔比值通常为 10∶1~100∶1，因此黄铁矿容易成为堆浸中耗氧量最大的矿物。在堆高较高时，溶浸液无法提供足够多的氧化剂，此时强制通风成为堆场中氧气的主要来源。由于空气中的氧气含量仅为 0.28g/L，故生物浸出时所需的气体流量远高于溶液流量。在浸出富液中的 Cu 浓度为 0.25g/L 情况下，Cathles 及 Apps[38] 估计气体流量与溶液流量的比值至少为 80 倍时，堆场的含氧量才有可能达到反应要求。

6.5.1.3 硫化矿化学反应需氧量

根据硫化铜矿的溶解反应方程，氧气作为浸出体系中化学反应过程的电子受体，无论矿物是通过硫代硫酸盐途径，还是通过多硫化物途径浸出，都会生成含氧盐。根据浸出铜所需氧的总摩尔数与浸出富液的体积，溶浸液内氧浓度需求量 C_{ore} 为：

$$C_{ore} = \frac{C_2\rho V_{ore}\eta\beta}{MQ_{pls}} \times 10^{-4} \tag{6-69}$$

式中，C_{ore} 为溶浸液需氧量，mol/m^3；C_2 为矿石中 Cu 平均品位，%；ρ 为矿石密度，kg/m^3；V_{ore} 为堆场矿石总体积，m^3；η 为 Cu 浸出率，%；β 为浸出 1mol Cu 实际需氧量，mol；M 为 Cu 分子量；Q_{pls} 为浸出液总量，m^3。其中，Cu 浸出率为浸出富液中的总 Cu 与堆场内所含 Cu 的质量比，即：

$$\eta = \frac{C_3 Q_{pls}}{C_2\rho V} \times 10^4 \tag{6-70}$$

式中，C_3 为浸出富液 Cu 浓度，g/L。

由式（6-69）及式（6-70）可以看出，矿石化学反应需氧量 C_{ore} 与浸出富液 Cu 浓度 C_3、浸出 1mol Cu 所消耗的 O_2 摩尔数 β 成正比。其中，C_3 越高，表明矿石氧化反应越充分，作为氧化剂的 O_2 消耗量也越高；而 β 与硫化矿中的矿物类型及其比例有关，当入堆矿石品位稳定时，β 为相对稳定的某一数值。

6.5.2 浸矿微生物生长需氧量

在已知的浸矿微生物种类中，绝大多数为好氧微生物。好氧微生物必须在有氧条件下生长繁殖，通过氧化有机物或无机物作为产能代谢过程。自然通风条件下，在压力 101325Pa、气温 25℃时空气中的氧在水中的溶解度仅为 0.26mmol/L，浸出体系的饱和溶氧值约为 0.24mmol/L。而在堆浸生产中，矿石有效浸出时浸矿微生物数量一般大于 10^7 个/mL，微生物的需氧量一般为 10~25mmol/(L·h)，因此自然通风条件下的溶解氧含量只能维持浸矿微生物正常生命活动 0.58~1.44min，远远无法满足微生物的生长需求。由于堆场规模较大，对氧气的需求量也相应较大，工程上通常采用强制通风调节堆场中部及底部的氧气浓度，使之满足浸出需求。

浸出过程中，参与浸出反应的微生物通常并非单一菌种，而是由多种铁氧化菌、硫氧化菌组合成的菌体群落。这些微生物总数量 X 为：

$$X = X_1 + X_2 + \cdots + X_n = \sum_{i=1}^{n} X_i \tag{6-71}$$

式中，1、2、…、n 为浸矿微生物种类编号。

浸矿微生物接种到堆场浸出后，不断发生增殖、稳定、衰亡，占主导地位的种群也会随之演化，堆浸体系的微生物质量平衡可用式（6-72）来表示：

$$\frac{dX}{dt} = \frac{F}{V}X_o - \frac{F}{V}X + \mu X - \alpha X \tag{6-72}$$

其中：

$$V = 1000 \frac{m}{\rho} \theta (1 - \gamma) \tag{6-73}$$

$$\mu = \frac{\mu_m C_L}{K_{O_2} + C_L} \tag{6-74}$$

式（6-72）~式（6-74）中，X_o 为浸出初期堆场的微生物浓度，g/L；X 为浸出富液中的微生物浓度，g/L；F 为溶浸液流经堆场的渗流速率，L/h；V 为堆浸体系中的溶浸液总体积，L；μ 为浸矿微生物比生长速率，1/h；α 为浸矿微生物比死亡速率或内源代谢速率，1/h；t 为时间，h；m 为入堆矿石质量，kg；ρ 为矿石密度，kg/m³；θ 为堆场孔隙率，%；γ 为堆场气含率，%；μ_m 为浸矿微生物最大比生长速率，1/h；C_L 为溶浸液中的溶解氧浓度，mmol/L；K_{O_2} 为氧饱和常数，mmol/L。

堆场中部及下部 Fe^{2+}、碳酸盐等能源物质相对充足时，溶液中的溶解氧易成为微生物生长的限制性因素，通风及不通风时微生物数量差距非常明显[39]。由比生长速率公式可知，当溶解氧浓度很低时，比生长速率随着溶解氧浓度的增加而增加，当溶解氧浓度增加到一定值时，比生长速率不再升高。

临界氧浓度是指维持微生物生长的最低溶氧浓度，一般为饱和浓度的 10% ~ 25%，低于此值时比耗氧速率会随着溶解氧浓度降低而显著下降，浸矿微生物处于半厌氧状态，新陈代谢速率受阻，逐渐丧失浸矿功能并濒临死亡。

强制通风时，应保证溶浸液的溶解氧浓度大于临界氧浓度，然而，通风强度或氧气浓度过大时反而不利于堆浸生产的进行，因为增大通风强度不仅增加了动力消耗成本，而且强气流带走的热量可能使堆场温度下降至不利于微生物生长的范围。Jeffrey 等人[40] 认为在金矿的浸出中充入 O_2 有利于浸出的进行，但过量的 O_2 反而会降低矿石化学反应动力学。几乎在同一时期，De Kock 等人[41] 在用 Sulfolobus 菌属浸出硫化铜精矿过程中也发现，当溶解氧浓度高于 4.1mg/L 时 Fe^{2+} 的氧化会受到抑制，且长期暴露在高 O_2 浓度下时，微生物的生长速率会减缓甚至中断。

为了合理地确定堆浸体系中的溶解氧浓度，采用耗氧速率（oxygen uptake rate）来描述微生物的需氧量，耗氧速率 r 表示单位质量的矿石在单位时间内利用的氧含量：

$$r = -\frac{dC}{dt} = q_{O_2}X \tag{6-75}$$

式中，r 为耗氧速率，$mmolO_2/(L \cdot h)$；q_{O_2} 为比耗氧速率，$mmolO_2/(g \cdot h)$。同时，可引进生长得率（Growth yield）来反映浸矿微生物对溶解氧的利用程度，生长得率 Y 表示微生物产量和溶解氧消耗量的比值：

$$Y = \frac{X - X_o}{C_o - C} \tag{6-76}$$

式中，C_o 为通风后溶浸液溶解氧含量，mmol/L；C 为微生物生长到某一阶段时剩余的溶解氧含量，mmol/L。因此，耗氧速率可进一步用式（6-77）来表示：

$$r = \frac{\mu X}{Y} \tag{6-77}$$

浸矿微生物的耗氧速率及生长得率可相互转化。Ceskova 等人[42]发现，当氧气作为微生物生长限制因子时，对应的 *At. ferrooxidans* 生长得率为 1.15×10^{11} 个/g。类似地，Pronk 等人[43]用不同营养类型的基质培养 *At. ferrooxidans*，测得以甲酸盐为基质、pH = 1.8 时该菌的比生长速率为 0.01/h，生产得率为 1.3g/mol，不同基质条件下的耗氧速率如表 6-5 所示。

表 6-5　不同基质条件下 *At. ferrooxidans* 的耗氧速率

基质类型	溶液浓度/mmol·L^{-1}	耗氧速率/mmol·(min·mg)$^{-1}$
Fe^{2+}盐	4.5	630
元素硫 S$_0$	0.1	19
硫化钠	0.1	46
甲酸盐	0.1	55

综上所述，堆浸体系中溶解氧的总需求量 C_{bac} 为：

$$C_{bac} = Xr = \left(\frac{F}{V}X_o - \frac{F}{V}X + \mu X - \alpha X \right) \frac{\mu X}{Y} \tag{6-78}$$

值得注意的是，采用常规检测方法一般只能得到溶浸液中的游离微生物浓度。事实上，硫化矿溶解反应中起主要作用的是矿石表面吸附的微生物，吸附微生物与矿石表面之间形成的胞外聚合物（extracellular polymeric substances，EPS）是微生物和溶浸液中化学物质交流平台与电子转移通道[44]。吸附微生物与游离微生物浓度比值在浸出过程中动态转换与变化，其比值与浸矿菌种、矿石性质、颗粒大小及浸出环境有关。多个课题组的试验研究表明，浸矿体系中吸附微生物占微生物总数量的比例可达 50% ~ 99%[45-48]。因此，堆浸中实际溶解氧总需求量远大于理论计算值 C_{bac}，强制通风时必须考虑一定的富余系数。

6.5.3 堆场有效风量率

强制通风对矿石浸出的促进作用包括物理作用、化学作用及生物作用，物理作用为扩展堆场孔隙率、提高溶液渗流速率，同时调节堆场温度；化学作用为提高堆浸体系溶解氧含量，促进以氧气为电子受体的矿石溶解反应；生物作用为改善堆场氧气浓度，提高微生物数量与活性。由于强制通风对孔隙率及热量平衡的影响程度难以界定和描述，因此，分析强制通风效率时主要考虑化学作用及生物作用。

6.5.3.1 堆场氧化能力

Lizama 等人[49]在分析大型堆场氧气浓度与矿石浸出率关系时，认为堆场宽高比极大，分析强制通风作用时可忽略堆场的边界效应，将不同高度的氧气浓度看作是只与高度有关的函数。同时，氧气含量随着深度变化而形成梯度，其含量并不能很好地体现浸出效果，应采用堆场氧化能力来描述矿石浸出效果。堆场氧化能力即每单位重量的矿石所消耗的氧气，可表示为：

$$r_{O_2} = \frac{a_{O_{2,5}} - a_{O_{2,1}}}{100\%} \times \frac{6}{4} \times GC_1 \times \frac{M_{O_2}}{V_{O_2}} \times \frac{1}{h\rho} \qquad (6-79)$$

式中，r_{O_2} 为堆场氧化能力，g/(t·d)；$a_{O_{2,5}}$、$a_{O_{2,1}}$ 分别为从堆底起 5m、1m 处的氧气浓度，%；G 为通风强度，L/(m²·min)；$C_1 = 1440$min/d；M_{O_2} 为氧的摩尔重量，32g/mol；V_{O_2} 为氧的摩尔体积，101325Pa 时为 22.4L/mol；$\frac{1}{h\rho}$ 为单位面积的矿石重量，t/m²。

根据式 (6-79)，Lizama 等人推算出堆场氧化能力随着 Cu 浸出率的增加而线性增长。堆场氧化能力在一定程度上能描述强制通风量与矿石浸出率之间的关系，然而，该公式仅用堆场两处不同深度的氧气浓度测量值作为矿石浸出效果的评价基础，且并没有考虑浸矿微生物对氧气的消耗，因此其适用性受到一定程度的限制。

6.5.3.2 堆场有效风量率

基于强制通风时的化学作用及生物作用，本书尝试提出"堆场有效风量率"来定量描述强制通风对堆场矿石浸出的影响程度。堆场有效风量率指硫化铜矿化学反应耗氧量 C_{ore} 及微生物生长耗氧量 C_{bac} 之和与强制通风中的氧气含量之比，计算时作如下假设：

（1）忽略强制通风对扩展堆场孔隙率、调节堆场温度等过程的积极作用；

（2）微生物生长所需 Fe^{2+} 及碳源等能源物质充足，氧气浓度是微生物生长的限制性因素；

（3）矿石化学反应时以 O_2 为电子受体，氧气为反应限制因子之一；

（4）浸出富液中的微生物浓度等于堆场内微生物平均浓度。

因此，生物堆浸强制通风的堆场有效风量率 k_{fa} 可表示为：

$$k_{fa} = \frac{C_{ore} + C_{bac}}{QW} \tag{6-80}$$

其中：

$$C_{ore} = \frac{C_2 \rho V_{ore} \eta}{10 M Q_{pls}} (\beta_1 + 3.5\beta_2) \tag{6-81}$$

$$C_{bac} = \left(\frac{F}{V} X_o - \frac{F}{V} X + \mu X - \alpha x \right) \frac{\mu X}{Y} \tag{6-82}$$

则有：

$$k_{fa} = \frac{C_2 \rho V_{ore} \eta}{10 M Q_{pls} QW} (\beta_1 + 3.5\beta_2) + \left(\frac{F}{V} X_o - \frac{F}{V} X + \mu X - \alpha X \right) \frac{\mu X}{QWY}$$

$$\tag{6-83}$$

式中，k_{fa} 为堆场有效风量率，%；Q 为某个浸出周期内的通风量，m^3；W 为强制通风中的氧气浓度，当通入空气时为 20.9%，通入纯氧时为 100%；C_2 为矿石中 Cu 平均品位，%；ρ 为矿石密度，kg/m^3；V_{ore} 为堆场矿石总体积，m^3；η 为 Cu 浸出率，%；β_1 为浸出 1mol Cu 需氧量，mol；β_2 为每浸出 1mol Cu 的同时浸出的黄铁矿摩尔数，mol；M 为 Cu 分子量；Q_{pls} 为浸出液总量，m^3；F 为溶浸液流经堆场的渗流速率，L/h；V 为堆浸体系中的溶浸液总体积，L；X_o 为浸出初期堆场的微生物浓度，g/L；X 为浸出富液中的微生物浓度，g/L；α 为浸矿微生物比死亡速率或内源代谢速率，1/h；μ 为浸矿微生物比生长速率，1/h；Y 为微生物生长得率。

根据式（6-84）及第 4 章硫化铜矿生物柱浸试验结果，可计算得出强制通风条件下 C2～C5 组浸出过程中第 8 天、20 天、40 天及 60 天的有效风量率，如图 6-11 所示。从图 6-11 可以看出，强制通风时 C2～C5 柱浸系统的最终有效风量率分别为 10.48%、18.43%、11.97% 及 8.16%，表明试验中较合适的通风强度为 60L/h（C3）及 100L/h（C4）。通风强度为 20L/h 时有效风量率先降低后增高，60~150L/h 时有效风量率均在第 8 天时达到峰值，随后，尽管微生物浓度及 Cu 浸出率仍在增高，但增长速率低于同期通入氧气含量的增加值，导致有效风量率持续下降，直至浸出结束。

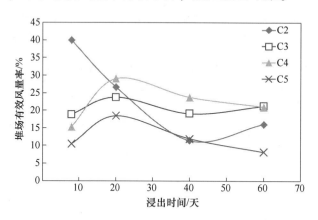

图 6-11 生物柱浸过程堆场有效风量率变化规律

在硫化铜矿生物柱浸试验分析中，本书曾采用矿堆氧气利用系数来表征矿石浸出率与通风强度的关系，矿堆氧气利用系数即某个浸出周期内浸出 Cu 的需氧量摩尔数与该周期内通入矿堆的实际含氧量摩尔数的比值。与矿堆氧气利用系数及堆场氧化能力相比，堆场有效风量率不仅考虑了直接作用于矿物溶解反应的耗氧量，同时也考虑了 Fe 浸出后氧化剂 Fe^{3+} 对矿石浸出的影响，以及通风对微生物生长需氧量的贡献，因此更能准确描述强制通风对生物浸出的影响程度。

6.5.4 强制通风对硫化铜矿浸出的作用过程

硫化铜矿堆浸过程中，伴生或共生的黄铁矿通常能提供较充足的 Fe^{2+} 等能源物质，因此堆场中部及下部 O_2、CO_2 浓度易成为限制好氧微生物生长繁殖的因素，进而控制了矿石浸出过程。根据矿物学特征、微生物种类及浸出环境的不同，强制通风引起的气体渗流规律及 O_2、CO_2 浓度分布规律也不同，下面分析强制通风对辉铜矿、铜蓝、黄铜矿强化浸出的作用过程。由于已知的硫化铜矿几乎都是通过硫代硫酸盐机理浸出的，因此其他硫化铜矿的通风强化浸出过程可参考以下三种矿石类型。

6.5.4.1 辉铜矿

辉铜矿（Cu_2S）属于酸可溶性矿石，通过多硫化合物途径浸出，且矿石浸出具有明显的阶段性。李宏煦等人[50]观察到紫金山铜矿堆浸过程中，浸出前 1000h 的 Cu 浸出率为 40%~60%，而后 500h 的 Cu 浸出率却远低于 10%；浸出前 1000h 为浸出快速期，之后为浸出迟缓期。本书第 4 章的生物柱浸试验也出现类似的现象，即浸出前 40 天的 Cu 浸出率为 65.6%~77.6%，而后 20 天的浸出率仅为 0.6%~6.2%。由此可以看出，辉铜矿的浸出很可能是分两步进行的，第一步及第二步的化学反应式分别如式（6-84）及式（6-85）所示。

$$\begin{cases} 2Fe^{2+} + 2H^+ + 0.5O_2 \xrightarrow{\text{细菌}} 2Fe^{3+} + H_2O \\ Cu_2S + 2Fe^{3+} \longrightarrow Cu^{2+} + 2Fe^{2+} + CuS \end{cases} \tag{6-84}$$

$$\begin{cases} CuS + 2Fe^{3+} \longrightarrow Cu^{2+} + 2Fe^{2+} + S^0 \\ S^0 + 1.5O_2 + H_2O \xrightarrow{\text{细菌}} H_2SO_4 \end{cases} \tag{6-85}$$

式中，第一步辉铜矿（Cu_2S）溶解后生成中间产物铜蓝（CuS），该过程的反应速率由溶解氧通过颗粒表面的液膜到硫化矿表面的传质过程所控制，与浸出体系温度无关，反应速率往往较快[51]。假设强制通风过程中氧气在溶浸液中均匀溶解，即溶液中 O_2 浓度一致；同时气体内氧气分压保持稳定，即氧传质阻力主要来源于液膜，则溶液中氧气浓度 C_L 随时间 t 的变化为（各物理符号意义见第 6.2.2 节）：

$$\frac{dC_L}{dt} = a_L K_L (C^* - C_L)/(1 - \varepsilon_G) \tag{6-86}$$

显然，强制通风有利于提高溶液中的氧气浓度梯度，加快溶解氧从液膜到矿物表面的传质过程，从而提高辉铜矿第一步浸出的反应速率。从硫化铜矿生物柱浸试验还可看出，强制通风强度越大，则浸出快速期的矿石浸出速率越快，进入浸出稳定期的时间也越早，达到相同 Cu 浸出率时所需的时间也越少。

Whiteside 及 Goble[52]认为辉铜矿浸出第一步生成的中间产物严格意义上并不一定是铜蓝（CuS），可能是久辉铜矿、方辉铜矿、铜蓝或其他类似铜蓝产物，但这种中间产物在含 Fe^{3+} 的环境中溶解速率比铜蓝高。路殿坤等人[53]观察到，在辉铜矿的溶解过程中，随着 Cu^{2+} 的浸出，矿石颗粒中固相的铜硫比逐渐降低,当铜硫比为 1∶1 时即转化为中间产物铜蓝,而且硫化铜矿的溶解速率会随着铜硫比的减小而降低。第二步浸出反应的表观活化能为 69.0kJ/mol,反应速率相比第一步慢很多。

从式 (6-85) 可以看出,中间产物表面会包裹一层元素硫壳 (S^0),表明第二步浸出过程的前期受表面化学反应速率控制,后期受化学反应速率及扩散过程控制。因此,强制通风对辉铜矿浸出的强化作用主要体现在第一步反应,对第二步反应的影响较小。

6.5.4.2 铜蓝

浸矿微生物对铜蓝 (CuS) 浸出的作用有直接作用及间接作用两种观点。直接作用中,CuS 及 O_2 在微生物的催化下直接生成 $CuSO_4$,O_2 作为化学反应的氧气剂在反应中成为电子受体,如式 (6-87) 所示。间接作用中,气体中的氧气溶解入溶浸液中,微生物在氧化 Fe^{2+} 过程中获取生长能源,生成的 Fe^{3+} 进一步渗入矿石颗粒内部并溶解矿石,在化学反应中作为氧化剂将 Fe^{3+} 还原成 Fe^{2+},两种过程形成良性循环,如式 (6-84) 和式 (6-85) 所示。

$$CuS + 2O_2 \xrightarrow{\text{细菌}} CuSO_4 \tag{6-87}$$

尽管直接作用及间接作用的过程可能略有差异,但铜蓝的溶解动力学基本上是按未反应的缩小核模型进行的。如图 6-12 所示,矿石的溶解反应主要发生在未反应颗粒核心与生成物的界面,且溶解过程是由球形颗粒表面自外向内各向同性进行的,因此浸出过程中未反应的颗粒核心总保持着相同的球形。浸出包括正外扩散、正内扩散、化学反应、负内扩散和负外扩散 5 个过程,其中液膜扩散、固膜扩散、表面化学反应可能成为其中的控制步骤[54-55]。

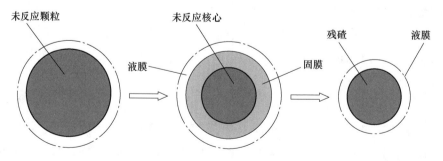

图 6-12 铜蓝浸出过程中的未反应缩小核模型

浸出后期，矿石颗粒暴露的表面积大大减小，同时在颗粒表面形成的黄钾铁矾、元素硫层等沉淀限制了溶浸液、浸出产物在颗粒内部孔裂隙中的扩散，甚至造成扩散通道的完全堵塞。Thomas 等人[56]发现，铜蓝浸出过程中覆盖在颗粒表面的大多数是元素硫（S^0），只有 4% 的硫化矿转化成硫酸盐（SO_4^{2-}）。由此可见，浸矿微生物氧化 S^0 的速率远小于氧化 Fe^{2+} 的速率，这种浸出钝化现象是由于溶浸液及反应产物的扩散受限造成的。此外，当控制同等的浸出电位范围时，对于无菌体系，通过强制通风来提高溶解氧浓度时，通风对铜蓝浸出速率的影响几乎可以忽略[57]。

然而，强制通风与否对于微生物氧化 Fe^{2+} 为 Fe^{3+} 的能力却是密切相关的，这种氧化过程按两个步骤进行，半反应如式（6-88）和式（6-89）所示，总反应如式（6-90）所示。

$$2Fe^{2+} \Longrightarrow 2Fe^{3+} + 2e \tag{6-88}$$

$$2H^+ + 0.5O_2 + 2e \Longrightarrow H_2O \tag{6-89}$$

$$2Fe^{2+} + 2H^+ + 0.5O_2 \Longrightarrow 2Fe^{3+} + H_2O \tag{6-90}$$

酸性条件下，*At. ferrooxidans* 将 Fe^{2+} 氧化为 Fe^{3+} 的速率可达化学条件下的 10^4 倍[58]。以上两个半反应分别发生在不同区域，第一步在微生物细胞外膜或周质（壁膜间隙）之间进行，第二步则在细胞内膜进行，以此阻止 Fe^{2+} 进入细胞，同时将生成的 Fe^{3+} 及时送到细胞膜外。在氧化过程中，Fe^{2+} 通过细胞色素将电子传递给分子氧，即分子氧是作为电子受体出现的（见图 6-13）。同时，在电子传递过程中，微生物通过氧化磷酸化作用合成了三磷酸腺苷（ATP），并将释放的能量储存在 ATP 中，从而获取了生长能量。

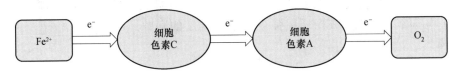

图 6-13 Fe^{2+} 氧化过程电子传递示意图

综上，强制通风对铜蓝浸出的强化作用并非以提供氧化剂 O_2 为主，而是通过提高堆浸体系中 O_2 及 CO_2 的溶解度，从而加速微生物能量合成过程，保障微生物的浸矿活性与数量，进而控制矿石浸出速率。

6.5.4.3 黄铜矿

黄铜矿（$CuFeS_2$）的矿物晶格为四方晶系，晶体格子内每个 S 离子周围分布 4 个 Cu 或 Fe 金属离子，同时每个 Cu、Fe 离子周围分布 4 个 S 离子。由于晶格点在各方向上的共价键键能及晶格点阵能较大，解离后化学键的不饱和能较大，因而不易被溶解和破坏[59]。$CuFeS_2$ 的溶解机理较复杂，一般认为分解过程是通过电子转移分步进行的[60-61]，浸出过程中黄铜矿首先与部分 Cu^{2+} 直接反应生成辉铜矿，其次辉铜矿与 Fe^{3+} 反应释放出更多的可溶性铜，如式（6-91）和式（6-92）所示。

$$CuFeS_2 + Cu^{2+} \longrightarrow 2CuS + Fe^{2+} \tag{6-91}$$

$$CuS + 8Fe^{3+} + 4H_2O \xrightarrow{\text{细菌}} Cu^{2+} + SO_4^{2-} + 8Fe^{2+} + 8H^+ \tag{6-92}$$

从上式可以看出，在 $CuFeS_2$ 溶解形成 CuS 后，与铜蓝类似，强制通风提供充足的 O_2 作为微生物氧化 Fe^{2+} 过程的电子受体，从而提高氧化剂 Fe^{3+} 浓度来强化黄铜矿浸出。然而，对于黄铁矿含量较高的硫化铜矿而言，通风在提高 Fe^{3+} 浓度的同时也影响了浸出体系的电位，而黄铜矿的浸出对氧化还原电位极其敏感。Velásquez-Yévenes 等人[62]发现，提高溶解氧浓度有利于提高黄铜矿的浸出速率，但当溶液电位超过 550mV 时 $CuFeS_2$ 的浸出却受到抑制。有菌体系中，黄铜矿浸出的最佳电位为 410～500mV[63-64]，而矿石中黄铁矿与黄铜矿的比例变化时很可能会改变这个电位范围。尽管不同浸出体系下的最佳电位存在差异，但一般不宜超过 500～550mV，超过该值时黄铁矿会被大量浸出，生成的 S^0 等沉淀严重阻碍溶浸剂及金属离子的扩散，造成 $CuFeS_2$ 浸出的钝化。

综上，强制通风对微生物浸出黄铜矿的影响可能是正面的，也可能是负面的，鉴于黄铜矿生物浸出率普遍较低，采取强制通风措施时需结合动力消耗及堆浸管理，认真权衡通风强度与通风制度的利弊。

参 考 文 献

[1] Johnson D B. Biohydrometallurgy and the environment：Intimate and important interplay [J]. Hydrometallurgy, 2006, 83（1/2/3/4）：153-166.

[2] 李尚远，陈明阳，李春奎. 铀金铜矿石堆浸原理与实践 [M]. 北京：原子能出版社, 1997.

[3] Anderson A E, Cameron F K. Recovery of copper by leaching, Ohio Copper Co. of Utah [J]. AIME TRANS, 1926, 73：31-57.

[4] Readett D J. Straits resources limited and the industrial practice of copper bioleaching in

heaps [J]. Australasian Biotechnology, 2001, 11 (6): 30-31.

[5] 李海普, 胡岳华, 蒋玉仁, 等. 变性淀粉在铝硅矿物浮选分离中的作用机理 [J]. 中国有色金属学报, 2001, 11 (4): 697-701.

[6] 尹浚羽, 蒋宏伟, 李磊, 等. 井底气泡的形成过程及其平均初始直径计算 [J]. 科学技术与工程, 2014 (19): 30-33.

[7] Tomiyama A, Celata G P, Hosokawa S, et al. Terminal velocity of single bubbles in surface tension force dominant regime [J]. International Journal of Multiphase Flow, 2002, 28 (9): 1497-1519.

[8] Clift R, Grace J R, Weber M E. Bubbles, Drops, and Particles [M]. Courier Dover Publications, 2005.

[9] Churchill S W. Viscous Flows: The Practical Use of Theory [M]. London: Butterworth-Heinemann, 2013.

[10] Mandal A, Kundu G, Mukherjee D. A comparative study of gas holdup, bubble size distribution and interfacial area in a downflow bubble column [J]. Chemical Engineering Research and Design, 2005, 83 (4): 423-428.

[11] Mei R, Klausner J F, Lawrence C J. A note on the history force on a spherical bubble at finite Reynolds number [J]. Physics of Fluids, 1994, 6 (1): 418-420.

[12] Brierley C L. Bacterial succession in bioheap leaching [J]. Hydrometallurgy, 2001 (59): 249-255.

[13] Tempel K. Commercial biooxidation challenges at Newmont's Nevada operations [C]// 2003 SME Annual Meeting, Colo, USA: 2003.

[14] 李明春, 田彦文, 翟玉春. 非热平衡多孔介质内反应与传热传质耦合过程 [J]. 化工学报, 2006, 57 (5): 1079-1083.

[15] 王政权. 地统计学及在生态学中的应用 [M]. 北京: 科学出版社, 1999.

[16] Christakos G. Modern Spatiotemporal Geostatistics [M]. New York: Courier Dover Publications, 2012.

[17] Wood W W, Ehrlich G G. Use of baker's yeast to trace microbial movement in ground water [J]. Groundwater, 1978, 16 (6): 398-403.

[18] Harvey R W, George L H, Smith R L, et al. Transport of microspheres and indigenous bacteria through a sandy aquifer: Results of natural-and forced-gradient tracer experiments [J]. Environmental Science & Technology, 1989, 23 (1): 51-56.

[19] 赵炳梓, 张佳宝. 病毒在土壤中的迁移行为 [J]. 土壤学报, 2006, 43 (2): 306-313.

[20] Keswick B H, Gerba C P. Viruses in groundwater [J]. Environmental Science &

Technology, 1980, 14 (11): 1290-1297.

[21] Brennan F P, Kramers G, Grant J, et al. Evaluating transport risk in soil using dye and bromide tracers [J]. Soil Science Society of America Journal, 2012, 76 (2): 663-673.

[22] Yee N, Fein J B, Daughney C J. Experimental study of the pH, ionic strength, and reversibility behavior of bacteria-mineral adsorption [J]. Geochimica et Cosmochimica Acta, 2000, 64 (4): 609-617.

[23] 李燕, 牟伯中. 细菌趋化性研究进展 [J]. 应用与环境生物学报, 2006, 12 (1): 135-139.

[24] 李桂花, 李保国. 大肠杆菌在饱和砂土中的运移及其模拟 [J]. 土壤学报, 2003, 40 (5): 783-786.

[25] Hornberger G M, Mills A L, Herman J S. Bacterial transport in porous media: Evaluation of a model using laboratory observations [J]. Water Resources Research, 1992, 28 (3): 915-923.

[26] Schäfer A, Ustohal P, Harms H, et al. Transport of bacteria in unsaturated porous media [J]. Journal of contaminant Hydrology, 1998, 33 (1): 149-169.

[27] Williams D F, Berg J C. The aggregation of colloidal particles at the air-water interface [J]. Journal of Colloid and Interface Science, 1992, 152 (1): 218-229.

[28] Fierer N, Schimel J P, Holden P A. Variations in microbial community composition through two soil depth profiles [J]. Soil Biology and Biochemistry, 2003, 35 (1): 167-176.

[29] 高琼. 大肠杆菌在土壤中的迁移特性实验研究 [D]. 天津: 天津理工大学, 2011.

[30] Gibson D K, Pantelis G, Ritchie A I M. The relevance of the intrinsic oxidation rate to the evolution of polluted drainage from a pyritic waste rock dump [C]//Proceedings of the International Land Reclamation and Rehabilitated site Drainage Conference and Third Conference on the Abatement of Acidic Drainage, 1994: 258-264.

[31] Romano P, Blazquez M L, Alquacil F J, et al. Comparative study on the selective chalcopyrite bioleaching of a molybdenite concentrate with mesophilic and thermophilic bacteria [J]. FEMS Microbiology Letters, 2001, 196 (1): 71-75.

[32] Schippers A, Sand W. Bacterial leaching of metal sulfide proceeds by two indirect mechanisms via thiosulfate or via polysulfides and sulfur [J]. Applied and Environmental Microbiology, 1999, 65: 319-321.

[33] Peacey J, Guo X J, Rbles E. Copper hydrometallurgy-current status, preliminary economics, future direction and positioning versus smelting [J]. Transactions of Nonferrous Metals Society of China, 2004, 3 (14): 560-568.

［34］ Rawlings D E. Characteristics and adaptability of iron- and sulfur-oxidizing microorganisms used for the recovery of metals from minerals and their concentrates［J］. Microbial Cell Factories, 2005, 4（13）: 35-40.

［35］ Ojumu T V, Petersen J, Searby G E, et al. A review of rate equations proposed for microbial ferrous-iron oxidation with a view to application to heap bioleaching［J］. Hydrometallurgy, 2006, 83（1）: 21-28.

［36］ Petersen J, Dixon D G. Competitive bioleaching of pyrite and chalcopyrite［J］. Hydrometallurgy, 2006, 83（1/2/3/4）: 40-49.

［37］ Shayestehfar M R, Karimi N S, Mohammadalizadeh H. Mineralogy, petrology, and chemistry studies to evaluate oxide copper ores for heap leaching in Sarcheshmeh copper mine, Kerman, Iran［J］. Journal of Hazardous Materials, 2008, 154: 602-612.

［38］ Cathles L M, Apps J A. A model of the dump leaching process that incorporates oxygen balance, heat balance, and air convection［J］. Metallurgical Transactions B, 1975（6B）: 617-624.

［39］ Maley M, Van Bronswijk W, Watling H R. Leaching of a low-grade, copper-nickel sulfide ore: 2. Impact of aeration and pH on Cu recovery during abiotic leaching［J］. Hydrometallurgy, 2009, 98（1）: 66-72.

［40］ Jeffrey M I, Breuer P L, Chu C K. The importance of controlling oxygen addition during the thiosulfate leaching of gold ores［J］. International Journal of Mineral Processing, 2003, 72（1）: 323-330.

［41］ De Kock S H, Barnard P, Du Plessis C A. Oxygen and carbon dioxide kinetic challenges for thermophilic mineral bioleaching processes［J］. Biochemical Society Transactions, 2004, 32（2）: 273-275.

［42］ Ceskova P, Mandl M, Helanova S, et al. Kinetic studies on elemental sulfur oxidation by Acidithiobacillus ferrooxidans: Sulfur limitation and activity of free and adsorbed bacteria［J］. Biotechnology and Bioengineering, 2002, 78（1）: 24-30.

［43］ Pronk J T, Meijer W M, Hazeu W, et al. Growth of thiobacillus ferrooxidans on formic acid［J］. Applied and Environmental Microbiology, 1991, 57（7）: 2057-2062.

［44］ 周桂英, 阮仁满, 温建康, 等. 紫金山铜矿浸出过程黄铁矿的氧化行为［J］. 北京科技大学学报, 2008, 30（1）: 11-15.

［45］ Dew D, Miller G. The BioNIC process: bioleaching of mineral sulfide concentrates for recovery of nickel［C］//Proceedings of the International Biohydrometalurgy Symposium and Biomine'97, Sydney, Australia: 1997.

［46］ Bromfield L, Africa C J, Harrison S T L, et al. The effect of temperature and culture history on the attachment of Metallosphaera hakonensis to mineral sulfides with application to heap bioleaching [J]. Minerals Engineering, 2011, 24 (11): 1157-1165.

[47] Liu H, Fang H H P. Extraction of extracellular polymeric substances (EPS) of sludges [J]. Journal of Biotechnology, 2002, 95 (3): 249-256.

[48] Halinen A K, Rahunen N, Kaksonen A H, et al. Heap bioleaching of a complex sulfide ore: Part Ⅰ: Effect of pH on metal extraction and microbial composition in pH controlled columns [J]. Hydrometallurgy, 2009, 98 (1): 92-100.

[49] Lizama H M. Copper bioleaching behavior in an aerated heap [J]. International Journal of Mineral Processing, 2001 (62): 257-269.

[50] 李宏煦, 陈景河, 阮仁满, 等. 福建紫金矿业股份有限公司硫化铜矿生物堆浸过程 [J]. 有色金属, 2005, 56 (41): 66-69.

[51] Senanayake G. A review of chloride assisted copper sulfide leaching by oxygenated sulfuric acid and mechanistic considerations [J]. Hydrometallurgy, 2009, 98 (1): 21-32.

[52] Whiteside L S, Goble R J. Structural and compositional changes in copper sulfides during leaching and dissolution [J]. Canadian Mineralogist, 1986, 24 (2): 247-258.

[53] 路殿坤, 蒋开喜. 辉铜矿和铜蓝的浸出机理研究 [J]. 有色金属, 2002, 54 (3): 31-35.

[54] 黄明清, 吴爱祥, 肖云涛. 高碱复杂氧化铜矿石酸浸动力学研究 [J]. 黄金, 2010, 31 (12): 38-42.

[55] Habbache N, Alane N, Djerad S, et al. Leaching of copper oxide with different acid solutions [J]. Chemical Engineering Journal, 2009, 152 (2): 503-508.

[56] Thomas G, Ingraham T R. Kinetics of dissolution of synthetic covellite in aqueous acidic ferric sulphate solutions [J]. Canadian Metallurgical Quarterly, 1967, 6 (2): 153-165.

[57] Miki H, Nicol M, Velásquez-Yévenes L. The kinetics of dissolution of synthetic covellite, chalcocite and digenite in dilute chloride solutions at ambient temperatures [J]. Hydrometallurgy, 2011, 105 (3): 321-327.

[58] Meruane G, Vargas T. Bacterial oxidation of ferrous iron by Acidithiobacillus ferrooxidans in the pH range 2.5~7.0 [J]. Hydrometallurgy, 2003, 71 (1): 149-158.

[59] 卢毅屏, 蒋小辉, 冯其明, 等. 常温酸性条件下黄铜矿的电化学行为 [J]. 中国有色金属学报, 2007, 17 (3): 465-470.

[60] 李宏煦, 王淀佐. 硫化矿细菌浸出的半导体能带理论分析 [J]. 有色金属, 2004, 56 (3): 35-37.

[61] Roman R J, Figueroa P J H, Ruiz H J E, et al. Interpretation of the recovery/time curve and scale-up from column leach tests on a mixed oxide/sulfide copper ore [C]//

Proceedings of Copper 99-Cobre 99 International Conference，Phoenix，USA：1999.

［62］ Velásquez-Yévenes L，Nicol M，Miki H. The dissolution of chalcopyrite in chloride solutions：Part 1. The effect of solution potential［J］. Hydrometallurgy，2010，103（1）：108-113.

［63］ Kametani H，Aoki A. Effect of suspension potential on the oxidation rate of copper concentrate in a sulfuric acid solution［J］. Metallurgical Transactions B，1985，16（4）：695-705.

［64］ Koleini S M J，Jafarian M，Abdollahy M，et al. Galvanic leaching of chalcopyrite in atmospheric pressure and sulfate media：Kinetic and surface studies［J］. Industrial & Engineering Chemistry Research，2010，49（13）：5997-6002.

［65］ 吴贵福，杨印章，刘仁强，等. 多孔介质热流耦合传热模拟研究［J］. 当代化工，2020，49（3）：697-701.

［66］ 王强. 基于 ANSYS 的多孔介质中流动、传热与应力分析［D］. 武汉：武汉理工大学，2010.

［67］ 刘观胜. 低浓度鼠李糖脂作用下铜绿假单胞杆菌在自然多孔介质中的传输［D］. 长沙：湖南大学，2016.

7 硫化铜矿通风强化浸出数值模拟

7.1 概　　述

气体渗流对硫化铜矿生物堆浸过程的影响体现在多方面，气流能将热量携带出堆场，或者促使热量在堆场的不同空间转移，而溶解氧及 CO_2 能参与矿石化学反应或促进微生物生长。在气、液、固三相接触充分的条件下，非饱和矿堆中的反应物质扩散速率快、微生物生长速率快、矿石浸出率高。然而，自然通风条件下，空气在堆场中的扩散主要依靠自然对流，外界气体只能入渗到内部 2~5m，导致了堆中氧气浓度低、底部温度高、微生物活性低等问题。国内外学者对微生物催化作用下的矿石氧化反应过程，以及微生物对 CO_2 的利用过程研究较多，但这些研究都是建立在 O_2 或 CO_2 浓度充足的基础上的。事实上，自然通风条件下 O_2 极有可能成为硫化铜矿浸出的限制因子，但由于堆场规模较大，堆场不同空间的气体取样及测量非常困难，因此气体对矿石浸出过程的影响较难检测与评估。

强制通风能通过改变氧气浓度及堆场热量平衡等方式减缓以上问题，但相关研究仍多处于一种"黑箱"的状态。Sidborn[1]、尹升华[2]等人分别模拟了不同通风条件下堆场的气体渗流规律，发现自然通风时只有堆场表面及边坡附近的氧气浓度能满足浸出需求，而底部充气时堆场的氧气浓度分布及矿石浸出率都得到大大改善。前人的研究为本书进一步模拟强制通风条件下的矿石浸出过程提供了良好的启发。

本章将使用 COMSOL Multiphysics 模拟强制通风条件下硫化铜矿堆场氧气浓度分布、温度分布及 Cu 浸出率的变化规律。首先，基于物理试验获取的参数，结合堆浸生产实际确定 COMSOL 数值模拟的控制方程与边界条件；其次，模拟不同通风强度下的硫化铜矿浸出规律，实现浸出过程"黑箱"的可视化；最后，模拟不同喷淋速率及通风强度比值条件下的硫化铜矿浸出规律，从而尝试揭示通风强化矿石浸出过程中的氧气浓度、热量平衡及矿石浸出的变化特征。

7.2 COMSOL Multiphysics 介绍

COMSOL Multiphysics 是一套专业有限元数值分析软件包，是基于偏微分方程对科学和工程问题进行建模与仿真计算的交互开发环境系统[3]。COMSOL 提供多物理场功能，通过不同的模块，同时模拟多相多场的耦合过程，通过使用相应的模块直接定义物理参数而创建模型。COMSOL 提供可靠的交互建模集成工具，在不借助任何其他软件的条件下，可自动实现从开始建模到多相多场分析的全过程，以确保建模过程的每一步骤有效进行。

COMSOL 能在建立物理模型、设定物理参数、划分网格、求解以及后处理等不同步骤之间自由转换。当改变物理模型尺寸时，新的模型仍保留控制方程和边界条件。典型的建模过程包括以下 6 个步骤：

（1）建立几何模型。COMSOL Multiphysics 软件内置了强大的 CAD 工具用于创立一维、二维和三维物理实体模型。通过工作平面创立二维几何轮廓，并使用旋转、拉伸等功能生成三维实体。也可以直接使用基本几何形状（如圆形、矩形、球体等）创立几何模型，然后使用布尔操作生成复杂的实体形状。

同时，也可在 COMSOL 中引入其他软件创建的模型。COMSOL 的模型导入和修补功能支持 DXF 格式和 IGES 格式的文件。同时，也可导入二维的 JPG、TIF 和 BMP 文件，并将其转化成为 COMSOL 的物理模型。

（2）定义物理参数。除常规的建模方式外，COMSOL 能方便建立物理模型。只需在预处理软件中对变量进行简单设置，便可定义模型的物理参数，如 Navier-Stokes 方程中的黏度、密度等。COMSOL 既支持各向同性、各向异性的参数类型，也支持模型变量、空间坐标和时间的函数。

（3）划分网格。COMSOL 网格生成器可以划分三角形和四面体的网格单元，自适应网格划分能自动提高网格质量。此外，也可以人工参与网格的生成，以达到更精确、更符合用户需求的结果。

（4）求解。COMSOL 的求解器是基于 C++程序，采用最新的数值计算技术编写而成的，其中包括直接求解和迭代求解方法、多极前处理器、高效的时间步运算法则和本构模型。

（5）可视化后处理器。COMSOL 提供了广泛的可视化功能，一是所有场变量和其他特殊应用参数的人工交互式图形处理；二是一些求解运算参数在求解过程中的在线图形显示；三是使用 OpenGL 硬件加速的高效图形处理；四是使用 AVI 和 QuickTime 文件进行动画模拟；五是边界和子域的集成；六是横截面和部分模型的图形结果处理。

（6）拓扑优化和参数化分析。模型的分析一般包括参数的分析、优化设计、迭代设计和一个系统中若干个子系统之间的自动连接控制。COMSOL 参数化求解器提供了一种能同时检测一系列变量参数的方法。也可以将 COMSOL 模型存成".m"文件格式，将其作为 Matlab 的脚本文件进行调用，然后进行优化设计或后处理。

本章选用 COMSOL Multiphysics 软件基本模块中的地球科学模块进行硫化铜矿浸出过程的模拟计算。

7.3　模拟条件与过程

7.3.1　基本假设

本节模拟强制通风条件下硫化铜矿生物堆浸过程中的氧气浓度、温度、Cu 浸出率等参数变化。在沿堆场走向方向上截取一个梯形截面，建立堆场的二维数学模型，并对堆场二维模型作如下假设：

（1）假设堆场底部是一狭长矩形，垂直于堆场走向上的堆场横截面为等腰梯形，沿堆场走向方向上各个截面的浸出具有同一性。

（2）浸出过程中矿堆孔隙率、渗透系数及含水率均为某一常数；喷淋时，溶液在重力作用下以一恒定速率均匀流经非饱和矿堆，忽略毛细作用力。

（3）硫化铜矿中的铜矿物以辉铜矿为主，且堆场内各区域的铜品位分布均匀，其他金属硫化矿主要为黄铁矿；堆场内溶浸液浓度及 Fe^{2+} 浓度充足，浸出主要受微生物活性、氧气浓度、温度等因素控制。

（4）强制通风管路在堆场底部均匀布置，向堆场竖直方向上均匀供气，堆场气体渗流场为稳定渗流场。

（5）空气的温度与溶液、堆场达到局部热力学平衡。

（6）浸出过程中浸矿微生物的数量及吸附微生物比例为一常数。

7.3.2　控制方程

7.3.2.1　Cu 浸出方程

根据模型基本假设，当堆浸体系溶解氧为矿石浸出的限制性因素时，Cu 浸出率 α 可用 Michaelis-Menton 方程来描述：

$$\frac{\mathrm{d}\alpha}{\mathrm{d}t} = \frac{\beta}{\rho_b G_0} X V_M \frac{C_L}{K_M + C_L} \tag{7-1}$$

式中，α 为铜的浸出率，%；β 为化学计量系数，表示每浸出单位质量的 Cu 时消耗的氧气，kg(Cu)/kg(O$_2$)；ρ_b 为堆场密度，kg/m^3；G_0 为 Cu 品位，%；X 为细菌浓度，个/m^3；V_M 为细菌最大生长速率，kg(O$_2$)/(个·s)；C_L 为溶液中的氧气浓度，kg/m^3；K_M 为一半细菌最大生长速率时的米歇尔常数。其中：

$$\beta = \frac{M_{Cu} M_{Fe}}{2.5 M_{O_2} M_{Fe} + 3.5 FPY M_{O_2} M_{Fe}} \tag{7-2}$$

$$V_M = \frac{6.8 \times 10^{-13} T \exp(-7000/T)}{1 + \exp(236 - 74000/T)} \tag{7-3}$$

式中，T 为堆场热力学平衡时的气体及溶液温度，K；FPY 为每浸出 1mol 铜蓝时浸出的黄铁矿数量，mol；M_{Cu} 为铜蓝摩尔质量，kg/mol；M_{Fe} 为黄铁矿摩尔质量，kg/mol；M_{O_2} 为氧气摩尔质量，kg/mol。

7.3.2.2　气体渗流方程

由于堆场强制通风一般采用低速气流，因此气体渗流基本遵从达西定律，根据第 5 章的堆场气体渗流模型假设，将堆场中的连续性方程、运动方程及气体状态方程联合起来，可得到采用常用渗透系数 k 表示的堆场中气体渗流方程：

$$-\frac{W_m}{2RT}\left(k_x \frac{\partial^2 p^2}{\partial x^2} + k_y \frac{\partial^2 p^2}{\partial y^2} + k_z \frac{\partial^2 p^2}{\partial z^2}\right) + \frac{W_m}{RT}\frac{\partial(n_g p)}{\partial t} = m \tag{7-4}$$

式中，W_m 为堆场中气体的平均分子量，g/mol；R 为气体常数，J/(mol·K)；T 为气体绝对温度，K；k_x、k_y、k_z 为堆场 x、y、z 方向的常用气体渗透系数；p 为堆场孔隙气体绝对压力，Pa；n_g 为堆场气含率，%；m 为单位体积堆场在单位时间内通过的气体质量，kg/(m^3·s)。

7.3.2.3　氧气平衡方程

堆场中的氧气流动可用对流及分子扩散方程来描述：

$$\frac{\rho_b G_o}{\beta}\frac{\mathrm{d}\alpha}{\mathrm{d}t} = \rho_a D_a \nabla^2 W_o - \rho_a \nabla \cdot (W_o u) \tag{7-5}$$

式中，D_a 为扩散系数，m^2/s；W_o 为空气中的氧气浓度，%。

7.3.2.4　热量平衡方程

浸出过程中的矿堆温度可用稳态条件下的堆场热平衡方程来描述[4]：

$$\frac{\partial}{\partial t}(\rho c T) = -\frac{\partial}{\partial x_i}(n v_i \rho_1 c_1 T) + \frac{\partial}{\partial x_i}(n v_i \rho_g c_g T) + \frac{\partial}{\partial x_i}\left(\lambda_{ij}\frac{\partial T}{\partial x_j}\right) + \sum \frac{G_i \rho_b \Delta H_i \mathrm{d}\alpha_i}{\sigma_i \mathrm{d}t}$$

$$(7\text{-}6)$$

式中，T 为环境温度，K；n 为矿堆总孔隙率，%；v_i 为速度矢量，m/s；$\rho_1 c_1$ 为溶浸液单位体积热容，J/(kg·K)；$\rho_g c_g$ 为堆内气体单位体积热容，J/(kg·K)；λ_{ij} 为堆场热力弥散张量；x_i 为空间步长；G_i 为堆场中气体第 i 个分量的气流速率，m/s；α_i 为元素 i 的浸出率，%；ΔH_i 为元素 i 反应的焓变值，kJ/mol；σ_i 为氧的总计量系数。

7.3.3 模拟方案

本章选用 COMSOL Multiphysics 计算软件中的地球科学模块开展堆浸通风强化浸出二维数值模拟。模拟方案共分两组，第一组变量为通风强度，第二组变量为喷淋速率与通风强度比值，分别考察自然通风及强制通风条件下矿石生物堆浸过程中 O_2 浓度、温度及 Cu 浸出率的变化规律。

入堆矿石以次生硫化铜矿为主，堆场高度 20m，边坡角 40°；铜矿物主要是辉铜矿，Cu 品位 0.62%；矿堆密度 1600kg/m³，孔隙率 30%。堆场表面溶浸液喷淋强度为 0.018~0.036m³/(m²·h)，通风强度为 0~1.8m³/(m²·h)，浸出周期 300 天。为了考察强制通风对堆场 O_2 浓度、温度及 Cu 浸出率分布的有效影响半径，模拟时在堆场中心布置一条沿堆场走向的通风管道。模拟方案如表 7-1 所示。

表 7-1 硫化铜矿通风强化浸出数值模拟方案

模拟方案	喷淋速率 Q_1 /m³·(m²·h)⁻¹	通风强度/m³·(m²·h)⁻¹，或喷淋速率与通风强度比值 Q_1/Q_g	考察参数
第一组	0.018	0, 0.09, 0.36, 0.9, 1.8	堆内气流速率，O_2 浓度、温度、Cu 浸出率
第二组	0.036	1:2.5, 1:10, 1:25, 1:50	

7.3.4 物理模型

根据基本假设，沿堆场走向方向上的二维截面模型如图 7-1 所示，截面为等腰梯形，矿堆顶面宽度 32.3m，底面宽度 80m，高度 20m，边坡角 40°。

因物理模型截面沿堆场走向的轴线对称，可认为轴线两侧物理力学性质及模拟结果一致，故只对几何模型的一侧进行分析，自动网格划分如图 7-2 所示。

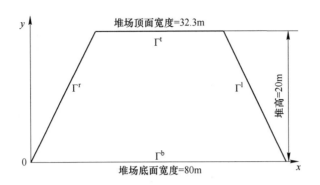

图 7-1 堆场二维几何模型示意图

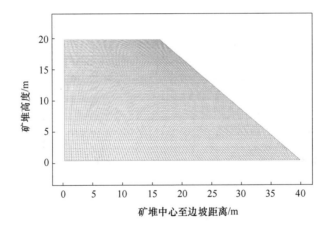

图 7-2 堆场二维模型网格划分

模拟过程中，堆场物理模型主要参数如表 7-2 所示。

表 7-2 堆场模型中的主要参数

参 数	符号	数值	单位
堆场高度	H	20	m
堆场顶面长	a	32.3	m
堆场底面长	b	80	m
堆场密度	ρ_B	1600	kg/m^3

参　数	符号	数值	单位
Cu 品位	G_0	0.62	%
堆场孔隙率	ε	0.3	m^3/m^3
气体渗透系数	K	3.27×10^{-10}	m/s
大气压力	p	101	kPa
空气中氧浓度	W_o	20.9	%
空气密度	ρ_a	1.208	kg/m^3
空气黏度	μ_a	1.812×10^{-5}	$kg/(m \cdot s)$
空气扩散系数	D_a	1.44×10^{-5}	m^2/s
导热系数	λ	4.83	$W/(m \cdot K)$
空气线膨胀系数	γ	3.43×10^{-3}	1/K
溶液比热容	$C_{p,L}$	4000	$J/(kg \cdot K)$
空气比热容	$C_{p,g}$	1000	$J/(kg \cdot K)$
堆场热容	$C_{p,B}$	1172	$J/(kg \cdot K)$
溶液喷淋速率	$q_{L,0}$	0.018~0.036	$m^3/(m^2 \cdot h)$
Monod 米歇尔常数	K_m	1×10^{-3}	kg/m^3
化学计量因素	β	0.19337	无量纲
Cu_2S 反应热	ΔH_{ch}	-6.0×10^6	J/kg
FeS_2 反应热	ΔH_{py}	-1.26×10^7	J/kg

7.3.5　边界条件

根据上述模型假设，模拟的边界条件为：

$$T(x, y) = 298 \quad (x, y) \in \Gamma_1 \tag{7-7}$$

$$\frac{\partial T(0, y)}{\partial x} = 0 \tag{7-8}$$

$$p(x, d) = 1 \text{atm}, \ 0 \leqslant x \leqslant c, \ p(c, y) = 1 \text{atm}, \ 0 \leqslant y \leqslant d \tag{7-9}$$

$$u(x, 0) = (0, V_{in}), \quad T(x, 0) = 298K, \quad W_0 = W_{0, \text{atm}}, \quad x \in \Gamma_2$$

$$(7-10)$$

$$u(x, 0) = (0, 0), \quad \frac{\partial T(x, 0)}{\partial y} = 0, \quad x \in \Gamma_3 \qquad (7-11)$$

式中，Γ_2 为与堆场底部扩散器孔口方向一致的 x 方向上的 x 取值范围；Γ_3 为与堆场底部扩散器孔口方向垂直的 x 方向上的 x 取值范围；V_{in} 为扩散器孔口气体黏度，$V_{in} = 0$。

7.4　不同通风强度下的硫化铜矿浸出

自然通风及强制通风条件下，堆场内气体渗流场、速度场及温度场会表现出截然不同的分布特征。对自然通风及不同通风强度条件下的硫化铜矿浸出过程进行二维数值模拟，浸出 300 天后，堆场氧气浓度、气流速度、温度及矿石浸出率分布规律如下。

7.4.1　堆场氧气浓度及气流速度分布

当堆场表面喷淋强度为 0.018m³/(m²·h)、堆场底部为自然通风条件，以及强制通风强度为 0.09m³/(m²·h)、0.36m³/(m²·h)、0.9m³/(m²·h) 及 1.8m³/(m²·h) 时，堆场不同区域的氧气浓度及气流速度分布规律如图 7-3 所示。

从图 7-3 可以看出，自然通风条件下，外界的氧气通过边坡及坡脚进入堆场，边坡入渗的气流先近似水平方向迁移，由于堆底温度高于其他区域，因此当气流迁移至堆场中央附近时，受到一个竖直方向上的分力，促使气体由水平方向渗流逐渐过渡为竖直方向渗流，直至到堆场表面时完全转为竖直方向渗流。

然而，气体渗流速率随着向堆场内部扩散的距离的增加而急剧减小，由边坡或坡脚自然扩散进入堆场的气体入渗距离为 4~6m 时，氧气浓度不足大气中氧气浓度的 50%；入渗距离为 20m 以上时，堆中氧气浓度降到大气中氧气浓度的 20% 以下。堆浸生产时堆场宽度一般远远超出此值，考虑到浸矿微生物生长所需的溶解氧浓度为 10~25mmol/L，因此靠自然扩散时堆内氧气浓度无法满足微生物生长需求。

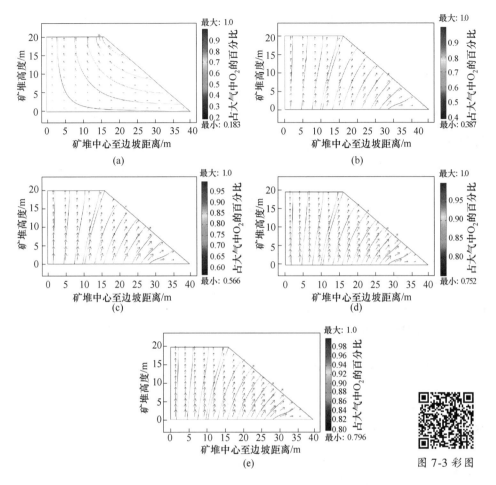

图 7-3　不同通风强度时堆场氧气浓度及气流速度分布

（a）自然通风；（b）通风强度 $0.09 \mathrm{m}^3/(\mathrm{m}^2 \cdot \mathrm{h})$；（c）通风强度 $0.36 \mathrm{m}^3/(\mathrm{m}^2 \cdot \mathrm{h})$；

（d）通风强度 $0.9 \mathrm{m}^3/(\mathrm{m}^2 \cdot \mathrm{h})$；（e）通风强度 $1.8 \mathrm{m}^3/(\mathrm{m}^2 \cdot \mathrm{h})$

　　当堆场底部进行强制通风时，气体渗流以通风管道为中心向边坡及堆场表面扩散；通风强度越大，堆场中的低氧浓度区域越小，最低氧气浓度也越高。通风强度越大，气体渗流半径越大，同一空间的氧气浓度也越高。值得注意的是，通风强度越高或通风管路布置越密集，堆场氧气浓度会随之越高或越均匀，但这会导致底部结构建设成本及运营成本的增加；因此，应采取合适的通风作业制度，避免在相邻通风管道中间区域出现低氧浓度区，同时应充分利用空气在堆场中的自然扩散，以减小强制通风的动力消耗。

7.4.2 堆场温度分布

当外界温度为25℃时,不同通风强度条件下堆场内的温度分布如图7-4所示。从图7-4中可以看出,自然通风条件及通风强度为0.09m³/(m²·h)时,堆场内不同高度的温度分布变化规律类似,即堆场底部温度最高,温度随着堆场高度的增加而依次递减。当通风强度大于0.9m³/(m²·h)时,堆场中的高温区域(>50℃)及最高温度(61.1~65.4℃)均逐渐减小,但有利于浸矿微生物生长及矿石浸出的温度区域增大。

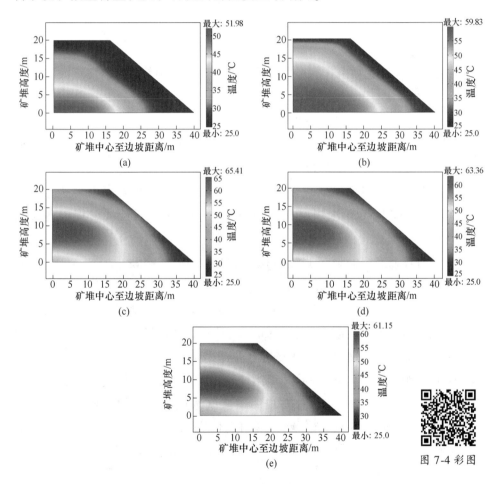

图7-4 彩图

图7-4 不同通风强度时堆场温度分布图

(a)自然通风;(b)通风强度0.09m³/(m²·h);(c)通风强度0.36m³/(m²·h);

(d)通风强度0.9m³/(m²·h);(e)通风强度1.8m³/(m²·h)

在外界因素保持相对恒定时，堆场热量平衡主要受对流传热、热传导及反应热的影响。自然通风时，堆场在浸出后期往往渗透性较差，硫化矿化学反应放出的热量易在堆底聚集；同时，溶浸液在流经堆场时将堆场上部及中部的热量携带至堆底，因此堆底的温度明显高于其他区域。

强制通风对堆场温度的调节体现在两方面：一是强制通风扩展了堆场孔隙率及提高了氧气浓度，使氧气浓度不再成为硫化矿氧化反应的限制因子，因此矿石化学反应速率加快，释放的反应热迅速在矿堆内聚集；二是强制通风在堆场内形成空气对流，气体扩散的限制减小或消失，同时，形成的微气流以气-固热传导方式将堆场底部的热量携带至堆场中部、上部或堆外，从而改变堆场的热量平衡。总体而言，强制通风时堆场内温度变化更均匀，扩大了堆场内适合浸矿微生物生长的温度区域，有利于微生物的繁殖与群落演替。

7.4.3 Cu 浸出率

模拟浸出 300 天后，自然通风及强制通风条件下的 Cu 浸出率如图 7-5 所示。从图中可以看出以下规律：

（1）无论是自然通风还是强制通风，堆场中 Cu 的浸出率都是从堆底中心向外呈同心椭圆状变化，堆场中具有相同浸出率的各点连线（即"等浸出线"）与堆场浸润线近似平行。

（2）随着堆底强制通风强度的增大，堆场中 Cu 高浸出率（>60%）区域逐渐增大，低浸出率（<20%）区域逐渐减小。

（3）通风强度小于 $0.36m^3/(m^2 \cdot h)$ 时，堆场表面及边坡 Cu 浸出率最高，底部最低；而通风强度大于 $0.9m^3/(m^2 \cdot h)$ 时，堆场中下区域 Cu 浸出率最高，堆场底部、表面及边坡浸出率较低。

根据模型假设，堆场中 Fe^{2+}、碳源等能源物质充足，氧气为矿石浸出的限制性因素，故 Cu 浸出率的分布规律与氧气浓度分布规律类似。自然通风时，边坡及堆顶附近的氧气浓度较高，因此 Cu 浸出率也高于其他区域。强制通风时，边坡、扩散器孔口附近的气体渗流通道较通畅，Cu 浸出率也明显高于其他区域。

然而，当通风强度大于 $0.9m^3/(m^2 \cdot h)$ 时，继续增大通风强度对提高矿石浸出率无明显的促进作用，表明氧气浓度不再是 Cu 浸出的限制性因素。Edgardo 等人[5]也得到了类似的结果，即氧气浓度提高到某一临界值之后，

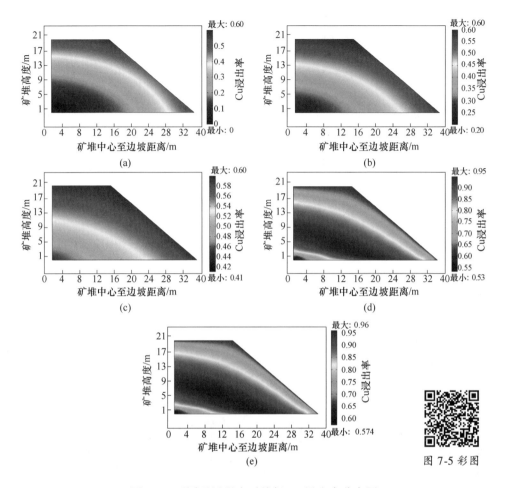

图 7-5 不同通风强度时堆场 Cu 浸出率分布图

（a）自然通风；（b）通风强度 $0.09m^3/(m^2 \cdot h)$；（c）通风强度 $0.36m^3/(m^2 \cdot h)$；

（d）通风强度 $0.9m^3/(m^2 \cdot h)$；（e）通风强度 $1.8m^3/(m^2 \cdot h)$

矿石浸出率不再随之继续增大。同时，考虑到动力消耗会随着通风强度的增加而迅速增加，因此，当采用通风强度为强制通风监控指标时，应以该值附近值为合理的工程指标控制范围。

7.5 不同喷淋速率与通风强度比值的硫化铜矿浸出

堆浸中，不同的喷淋速率、通风强度及其比值都会引起堆内气体渗流及氧气浓度分布的变化，进而带来矿石浸出率的时空变化。对不同喷淋速率与通风强度比值条件下的硫化铜矿浸出进行模拟，浸出 300 天后，堆场氧气浓度、温度及矿石浸出率分布规律分析如下。

7.5.1 堆场氧气浓度及气流速度分布

当堆场表面喷淋强度为 0.036m³/(m²·h) 时，堆场底部为强制通风条件，且喷淋速率 Q_1 与通风强度 Q_g 比值 Q_1/Q_g 分别为 1:2.5、1:10、1:25 及 1:50 时堆场不同区域的氧气浓度及气流速度分布如图 7-6 所示。

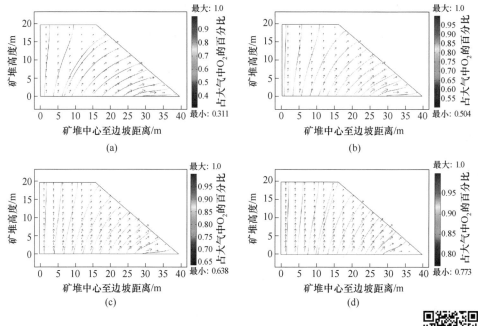

图 7-6 不同喷淋速率与通风强度比值时堆场氧气浓度及气流速度分布

(a) $Q_1/Q_g = 1:2.5$；(b) $Q_1/Q_g = 1:10$；

(c) $Q_1/Q_g = 1:25$；(d) $Q_1/Q_g = 1:50$

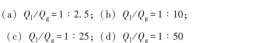

图 7-6 彩图

从图 7-6 可以看出，堆场底部通风后，堆内形成自下而上的气体渗流，气流速率随着堆高的增加而迅速减小；当喷淋速率与通风强度比值 Q_1/Q_g 小于 1:10 时，堆场同一高度气体渗流速度的水平分量大于竖直分量；当 Q_1/Q_g 大于 1:25 时，气体渗流由球状扩散逐步过渡成以竖直方向为主的扩散。堆场底部、边坡及表面氧气浓度接近大气中的氧气浓度值，低氧浓度区域主要分布在堆场中部；随着通风强度的增大，堆场中的低氧浓度区域逐渐缩小。

7.5.2 温度分布及其空间异质性

7.5.2.1 堆场温度分布规律

不同喷淋速率及通风强度组合条件下堆场的温度分布如图 7-7 所示。从图中可以看出，在一定的喷淋速率条件下，喷淋速率 Q_1 与通风强度 Q_g 比值 Q_1/Q_g 大于 1∶10 时，通风强度越大，堆场平均温度越高；当 Q_1/Q_g 小于 1∶25 时，随着通风强度的增大，堆场同一区域的平均温度呈现先增大后减小的趋势。

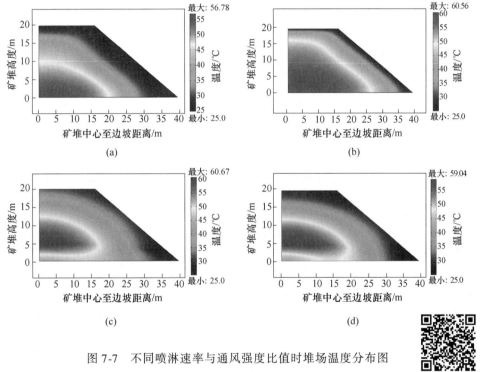

图 7-7 不同喷淋速率与通风强度比值时堆场温度分布图

(a) $Q_1/Q_g = 1∶2.5$；(b) $Q_1/Q_g = 1∶10$；

(c) $Q_1/Q_g = 1∶25$；(d) $Q_1/Q_g = 1∶50$

图 7-7 彩图

对比喷淋速率分别为 0.018m³/(m²·h)（见图 7-4）及 0.036m³/(m²·h)（见图 7-7）时的堆场温度分布云图可发现，喷淋速率较小时，堆场非饱和区中气-液接触面积较小，矿石颗粒表面的溶液向内扩散的阻力较大，因此矿石溶解速率较慢，反应放热较少。若喷淋速率与通风强度比值较小，则堆内会形成较强烈的空气对流，较高的气流速率将堆场底部的热空气带出堆场，而这些热空气通常是饱和的，其中携带的热量也较多。因此，喷淋速率较小时，堆场的平均温度主要取决于通风强度，且随着通风强度的增大而减小。

当喷淋速率较大时，矿石与溶浸液的反应较充分，硫化矿溶解过程中释放出大量热量，使堆场温度升高较快。由于气体运动方向与溶浸液渗流方向相反，气体向上渗透的阻力增大，此时堆场温度的变化不再仅取决于通风强度，而是与喷淋速率 Q_1 及通风强度 Q_g 的比值 Q_1/Q_g 有关；该比值变化时将引起矿石反应速率及反应热的变化，且溶浸液将矿堆上部的热量带至堆底，气流则携带矿堆底部的热量向上迁移，三者共同决定了堆场的温度分布。

7.5.2.2　温度分布的空间异质性

结合第 6 章 6.3 节的堆场温度分布空间异质性分析，发现堆场在空气扩散器或其正上方某个高度上的温度最高，且同一高度或同一剖面的堆场温度以此为球心向三维方向逐渐减小。采用地统计学分析软件 GS + 7.0（Gamma Design Software，LLC）开展半方差函数拟合计算，选取半变异函数 $\gamma(h)$ 来表征温度分布的空间结构，并采用球状模型对半变异函数进行拟合，竖直方向上的拟合结果如表 7-3 所示，水平方向上的拟合结果如表 7-4 所示。

表 7-3　竖直方向上温度分布球状模型拟合参数

编号	Q_1/Q_g	决定系数 R^2	块金值 C_0	基台值 C_0+C	变程 α/m	$C_0/(C_0+C)$
1	1∶0	0.977	0.1	61.2	13.83	0.002
2	1∶2.5	0.977	0.1	70.2	12.72	0.001
3	1∶10	0.992	2.6	66.2	11.81	0.039
4	1∶25	0.998	0.1	201.1	23.72	0.001
5	1∶50	0.99	0.1	201.1	21.14	0.001

表 7-4 水平方向上温度分布球状模型拟合参数

编号	Q_1/Q_g	决定系数 R^2	块金值 C_0	基台值 C_0+C	变程 α/m	$C_0/(C_0+C)$
1	1:0	0.913	0.1	101.2	27.17	0.001
2	1:2.5	0.96	0.1	70.2	26.3	0.001
3	1:10	0.96	0.13	31.01	31.02	0.002
4	1:25	0.953	0.1	101.2	26.57	0.002
5	1:50	0.961	0.2	91.1	28.73	0.001

空间异质性由随机部分（块金值 C_0）及自相关部分（拱高 C，即基台值 C_0+C 与块金值 C_0 之差）组成，块金值与基台值之比 $C_0/(C_0+C)$ 表示随机部分对空间异质性的影响程度，当 $C_0/(C_0+C)<25\%$ 时表明变量的空间相关性较强。从表 7-3 及表 7-4 来看，竖直方向及水平方向模型的块金值均远小于基台值，表明堆场温度分布的空间自相关性强，温度的结构性变异占主导地位，随机部分的影响几乎可以忽略。同时，竖直方向及水平方向的球状模型决定系数均达到极显著水平（91.3%~99.8%），表明所选取的计算模型可靠，竖直方向及水平方向上的温度均呈同心球状分布。

变程 α 是体现堆场温度空间变异相关尺度的参数，只有在变程范围之内的变量才表现出自相关性质，变程越大则表明系统总的空间异质性越明显。从表 7-3 和表 7-4 可以看出，竖直方向上的变程范围为 11.81~23.72m，而水平方向上的变程范围达到 26.3~31.02m；同一通风强度时水平方向上的温度空间异质性的变程远大于竖直方向，且两个方向上的变程均随着通风强度的增大而呈增大的趋势，表明强制通风在不同方向以不同的尺度范围对堆场温度施加影响。

综上所述，不管是自然通风还是强制通风条件，也不管是竖直方向还是水平方向，堆场温度均以堆底中心或空气扩散器正上方某个高度为球心，根据半变异函数球状模型向堆场三维方向作球状衰减，且水平方向上的空间自相关尺度大于竖直方向。

7.5.3 Cu 浸出率

硫化铜矿生物堆浸喷淋速率为 0.036m³/(m²·h)，设定喷淋速率 Q_l 与通风强度 Q_g 比值 Q_l/Q_g 分别为 1:2.5、1:10、1:25 及 1:50，浸出 300 天后，从堆场底部算起高度分别为 0m、5m、10m 及 15m 时，堆场中离通风管路（矿堆中心）不同距离的各区域 Cu 浸出率分布如图 7-8 所示。

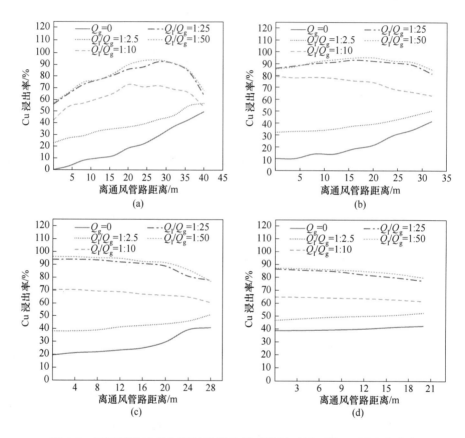

图 7-8 不同喷淋速率与通风强度比值时堆场不同区域 Cu 浸出率分布

（a）堆场高度 0m 时 Cu 浸出率分布；（b）堆场高度 5m 时 Cu 浸出率分布；

（c）堆场高度 10m 时 Cu 浸出率分布；（d）堆场高度 15m 时 Cu 浸出率分布

从图中可以看出：（1）自然通风，以及喷淋速率与通风强度比值 Q_l/Q_g 为 1:2.5 时，在堆场同一高度范围内 Cu 浸出率自堆场沿走向中心线向边界逐渐升高，即堆场中央最低，堆场边坡最高；（2）Q_l/Q_g 为 1:10 时，堆场底部 Cu 浸出率自中央向边坡先增大后减小，而当堆场高度大于 5m 时自中央向边坡逐步减小；（3）Q_1/Q_g为1：25及1：50时，堆场各高度各区域Cu浸出率及其变化规律极其相似，在堆场底部及5m处Cu浸出率自中央向边坡先增大后减小，在高度为10m及15m处自中央向边坡逐步减小。

上述规律表明，堆场中气体渗透距离与Cu浸出率密切相关，而通风强度则是决定气体扩散能力的关键因素。自然通风时，堆场中的氧气主要来自边坡的气体渗透，气体扩散能力有限；而强制通风时，堆场中的氧气供应能力主要取决于通风强度，在喷淋速率与通风强度比值Q_1/Q_g为1：2.5~1：50时，气体扩散能力比自然通风条件提高较多，但堆场中的气体水平扩散距离不超过25m，竖直扩散距离多数不超过15m，气体水平方向扩散距离远大于竖直方向。然而，由于强制通风时大多采用低压供风，当通风管路仅布置在堆场中央时，气体在堆场中的扩散距离有限，堆场中仍可能出现低氧气浓度区，导致矿石反应速率降低。

在喷淋速率为0.018~0.036m³/（m²·h）范围内、通风强度大于0.9m³/（m²·h）时Cu浸出率均不再明显增加，表明该通风强度已满足硫化铜矿浸出反应需氧量。当通风强度为0.9m³/（m²·h）时，对应的喷淋速率与通风强度比值Q_1/Q_g分别为1：50及1：25，为了分析这两种情况下Cu浸出的异同，将堆场底部离通风管路距离与Cu浸出率关系进行对比，结果如图7-9所示。

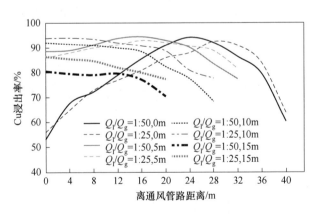

图7-9 Q_1/Q_g为1：50及1：25时堆场离通风管路距离与Cu浸出率关系

从图7-9可以看出，在通风强度相同且均满足堆场需氧量前提下，较小喷淋速率（0.018m³/（m²·h））时堆场5m以下区域Cu浸出率较高，而较大喷淋速率（0.036m³/（m²·h））时堆场10m以上区域Cu浸出率较高。这与两种喷淋条件下堆场温度分布规律一致。喷淋速率较小时，气流将堆场热量携带至堆场中上部，使堆场底部保持较适宜的浸出温度。喷淋速率较大时，溶液将堆场热量携带至堆场下部，使堆场下部温度升高至不利于微生物生长的范围，但堆场中上部的温度在通风及反应热的共同作用下保持较适宜的温度范围，从而加速了矿石的浸出。

李宏煦等人[6]认为喷淋速率与气流速率比值为 2：3 时堆场温度分布效果最好，这种差别主要是由于其模型选取的堆场渗透系数较大造成的，因为渗透系数大有利于堆内形成较强空气自然对流，使强制通风对硫化矿浸出的促进作用不再显著。

7.6 硫化铜矿原地破碎堆场通风强化浸出

7.6.1 基本假设

在硫化铜矿生物堆浸通风强化浸出数值模拟的基础上，进一步模拟硫化铜矿原地破碎生物浸出过程中矿堆底部不同通风强度条件下的气体渗流速率、温度及矿石浸出率的分布特征，建立原地破碎浸出堆场的二维数学模型，除下列情况外，其余假设同 7.3.1 节一致：

（1）矿堆截面二维模型如图 7-10 所示，假设各个截面的浸出具有同一性。

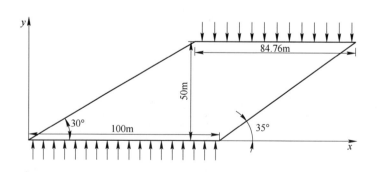

图 7-10 矿堆截面二维模型

（2）采场深度为 1000m，地表温度为 25℃，地面往下每深 100m，地底温度以 1~2℃/100m 的温度梯度增加。

7.6.2 模型建立与网格划分

根据基本假设,矿堆顶面宽度 84.76m,底面宽度 100m,高度 50m。沿矿堆走向方向上的二维截面模型与自动网格划分如图 7-11 所示。

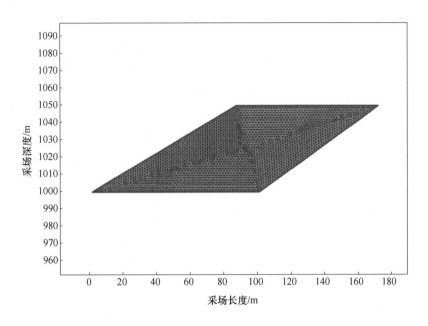

图 7-11 矿堆二维模型网格划分

7.6.3 模拟方案

选用 COMSOL Multiphysics 软件中的地球科学模块开展硫化铜矿原地破碎浸出堆场通风强化浸出二维数值模拟,模块主要采用流体流动、传热、化学物质传递三个物理场。模型设置为含铜品位 0.325% 的硫化矿石材料,铜矿物主要是辉铜矿,矿堆密度 1600kg/m³,孔隙率 30%。矿堆表面溶浸液喷淋强度为 0.48m³/(m²·h),矿堆底部强制通风强度为 9.432m³/(m²·h)、11.808m³/(m²·h)、14.148m³/(m²·h)、18.864m³/(m²·h) 及 23.58m³/(m²·h),模拟时在矿堆底部均匀布置通风管道,浸出周期 300 天,综合考虑生物采矿体系氧气平衡及热量平衡,模拟以氧气为铜矿浸出限制性因素时,矿堆气体渗流速率、温度及矿石浸出率的分布特征,模型主要参数如表 7-5 所示。

表 7-5 模型主要参数

参 数	符号	数值	单位
矿堆高度	H	50	m
矿堆顶面长	a	84.76	m
矿堆底面长	b	100	m
开采深度	h	1000	m
地表温度	T_0	25	℃
矿堆密度	ρ_b	1600	kg/m^3
Cu 品位	C_{Cu}	0.325	%
矿堆孔隙率	n	0.3	1
气体渗透系数	k	3.27×10^{-10}	m/s
大气压力	p	101	kPa
空气中氧浓度	W_0	20.9	%
空气密度	ρ_a	1.208	kg/m^3
空气黏度	μ_a	1.812×10^{-5}	kg/(m·s)
空气扩散系数	D_a	1.44×10^{-5}	m^2/s
导热系数	λ	4.83	W/(m·K)
空气线膨胀系数	γ	3.43×10^{-3}	1/K
溶液比热容	$C_{p,L}$	4000	J/(kg·K)
空气比热容	$C_{p,g}$	1000	J/(kg·K)
矿堆热容	$C_{p,B}$	1172	J/(kg·K)
溶液喷淋速率	$q_{L,0}$	0.48	m^3/(m^2·h)
Monod 米歇尔常数	K_m	1×10^{-3}	kg/m^3
化学计量因素	β	0.19337	无量纲
Cu$_2$S 反应热	ΔH_1	-6×10^6	J/kg
FeS$_2$ 反应热	ΔH_2	-1.26×10^7	J/kg

7.6.4 矿堆气流速度分布

当矿堆底部强制通风强度为 9.432m^3/(m^2·h)、11.808m^3/(m^2·h)、14.148m^3/(m^2·h)、18.864m^3/(m^2·h) 及 23.58m^3/(m^2·h)，溶浸液喷

淋速率为 $0.48m^3/(m^2 \cdot h)$ 时矿堆内气体流速分布规律如图 7-12 所示。

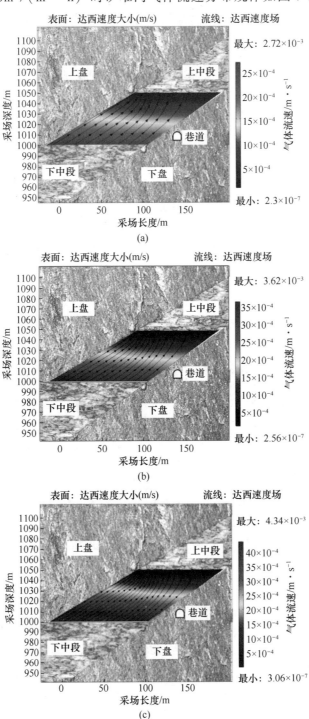

(a)

(b)

(c)

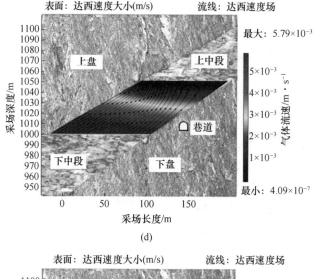

(d)

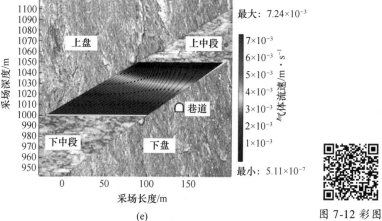

(e)

图 7-12 彩图

图 7-12 不同通风强度时矿堆气流速度分布

（a）通风强度 = 9.432 $m^3/(m^2 \cdot h)$；（b）通风强度 = 11.808 $m^3/(m^2 \cdot h)$；

（c）通风强度 = 14.148 $m^3/(m^2 \cdot h)$；（d）通风强度 = 18.864 $m^3/(m^2 \cdot h)$；

（e）通风强度 = 23.58 $m^3/(m^2 \cdot h)$

从图 7-12 可以看出，强制通风后空气顺着坡脚且沿边坡呈近似水平向渗入矿堆，而当气流沿边坡向上迁移时受到竖直方向上的分力；同时，由于地应力减小及温度差的作用，气体渗流方向逐渐从水平转变为竖直方向。受到矿堆骨架变形产生的沉降、堵塞等作用，气体在竖直方向上的渗流路径受到一定阻力，导致其流线密度逐渐稀疏，气流速度随着向矿堆表面渗透距离的增加而急剧减小，矿堆表面的气体流向也明显转变为竖直方向。

随着通风强度的增大，可以明显看出气体流线依次密集，气体渗流半径增大，矿堆表面的气流速度依次增大，表明通风改善了矿堆中底部的孔隙度，从而加速了空气在矿堆内的流动速率并扩大了空气流动的空间范围，使矿堆中的低氧浓度区域和缺氧型浸出盲区减小。因此，通风强度越高，对于不同矿堆但处于同一高度空间区域内的氧气浓度也越高，最低氧气浓度也越高。然而除了调节空压机的气压之外，还可以通过增加通风管道的布设来提高通风强度，但毫无疑问的是将会大幅度增加通风成本及充气管道建设成本。综上所述，为实现不同通风管道间氧气浓度分布的均匀化，实际通风工程设计中应设计合理的通风管网工程并制定适宜的作业制度。

7.6.5 矿堆温度分布

地表气温为25℃时，不同通风强度条件下矿堆内的温度分布如图7-13所示。从图7-13中可看出，自然通风条件下，矿堆底部温度最高，温度随着矿堆高度的增加而依次递减，此时矿堆内温度不利于浸矿微生物生长，易使矿石浸出受到限制。当通风强度大于$9.432 m^3/(m^2 \cdot h)$时，矿堆中的高温区域（>50℃）及最高温度（64~67℃）均逐渐减小，但有利于浸矿微生物生长及矿石浸出的温度区域（30~40℃）增大。且当通风强度达到$23.58 m^3/(m^2 \cdot h)$、矿堆主要温度为30~40℃时，原地破碎生物采矿体系处于最佳浸出温度区间。

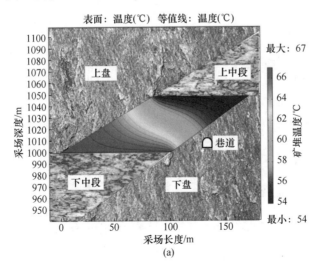

(a)

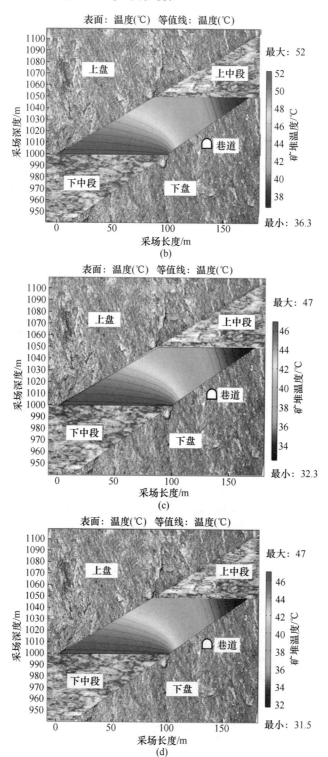

(b)

(c)

(d)

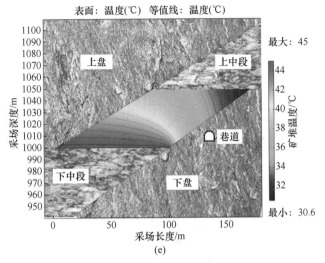

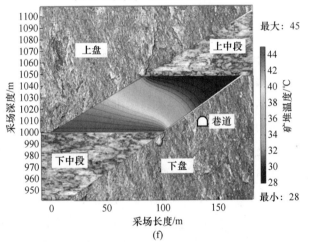

图 7-13 彩图

图 7-13 不同通风强度时矿堆温度分布图

（a）通风强度=0m³/(m²·h)；（b）通风强度=9.432m³/(m²·h)；

（c）通风强度=11.808m³/(m²·h)；（d）通风强度=14.148m³/(m²·h)；

（e）通风强度=18.864m³/(m²·h)；（f）通风强度=23.58m³/(m²·h)

反应热、对流传热及深地热传导是影响矿堆热量平衡的主要因素。随着浸出周期的增长，溶浸液与矿物反应生成的沉淀与热量随着流体流动迁移至矿堆底部，不进行通风作业的情况下矿堆底部孔隙被沉淀等堵塞导致其渗透性降低，进而使矿底区域聚积大量生物热与矿石化学反应热量，相比于其他浸出区域，矿堆底部的温度显然更高。

根据模拟结果可知,通风对矿堆温度场的改善有以下机制:矿堆孔隙率在强制通风后得到提高,空气在矿堆中流动的区域增大导致氧气浓度提高,硫化铜矿反应所需氧量充足不再受到氧气浓度的限制,加快了反应速率,从而快速聚集化学反应释放的热量。同时,大量空气对流形成于矿堆内部,有效减少了空气在空间分布上的扩散与运移限制。即使溶浸液在矿堆骨架中自上而下的渗流造成矿堆底部区域聚积大量热量,但强制通风引起的气流能逆反这一效应,使得底部热量传递至矿堆中上部,从而平衡矿堆内部的温度分布。

7.6.6 铜离子浓度分布

模拟浸出 300 天后,自然通风及强制通风条件下的铜离子浓度分布如图 7-14 所示。将模型参数中铜品位、矿堆累计重量、铜离子模拟浓度、浸出液体积代入铜的液计浸出率计算公式,可得出模拟中铜离子浓度为 2.05×10^{-2} mol/L 时对应的铜浸出率为 62.8%。从图中可看出,无论是自然通风还是强制通风,矿堆中铜浸出率分布都是从堆底向外呈波峰状变化,且矿堆上盘与下盘对角线为各自具有最高铜离子浓度的分布线。自然通风时,矿堆底部与下盘矿岩边界气体流线密集的区域 Cu 浸出率最高,表面及堆场顶部 Cu 浸出率最低。随着堆底强制通风强度的增大,矿堆中 Cu 高浸出率(>60%)区域沿下盘边坡向上逐渐增大。

基于模型基本假设,矿堆中浸矿细菌活性保持相对稳定,氧气浓度是限制铜矿石浸出的主要因素,因此铜浸出率分布受到氧气浓度的影响。低风速时,空气难以扩散至深部矿堆坡顶及堆顶,导致该区域氧气浓度低于其他区域,硫化铜矿化学反应所需氧量不足,浸矿微生物活性相对其他区域有所下降,因此 Cu 浸出率较为低下。强制通风时,堆底、通风管道口周围区域的气流多、温度低,通风有效降低了这些区域的温度并提高了氧气浓度,加速了溶浸液与矿石的氧化反应,Cu 浸出率则相对较高。

然而,由图 7-14 (d)~(f)的 Cu 离子浓度分布可以看出,通风强度达到 14.148m³/(m²·h) 后,即使不断加大通风强度,矿堆接近上中段右侧顶面及下盘矿岩边界顶部的 Cu 离子浓度分布规律也基本保持不变,该模拟结果表明此时铜矿石浸出不受氧气浓度的限制。对于矿山生产而言,通风强度的加大无疑会加剧空压机等通风设备产生的动力消耗,且通风强度的设计不能一以贯之于整体浸出周期,为减少无效通风或过量通风造成的巨额成本,应根据不同浸出周期的条件需求选取适宜的通风强度作为合理的工程设计指标。

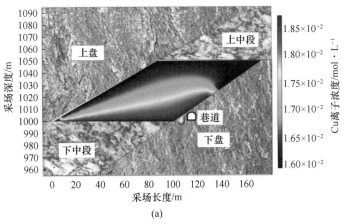

(a)

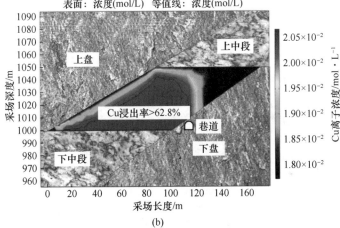

(b)

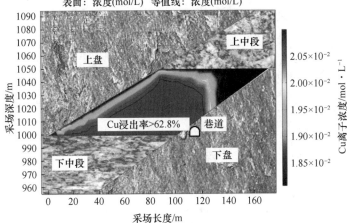

(c)

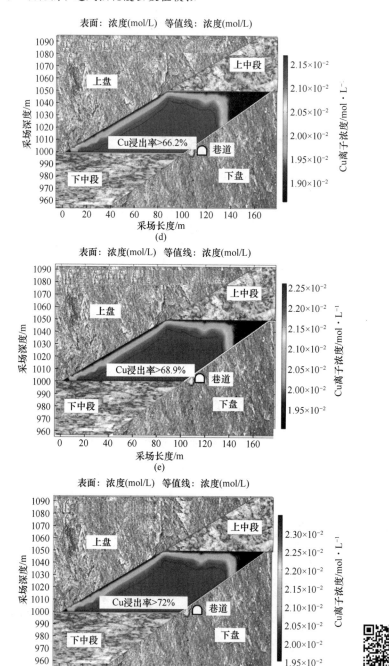

图 7-14　不同通风强度时矿堆 Cu 离子浓度分布图

（a）通风强度 $=0 m^3/(m^2 \cdot h)$；（b）通风强度 $=9.432 m^3/(m^2 \cdot h)$；（c）通风强度 $=11.808 m^3/(m^2 \cdot h)$；
（d）通风强度 $=14.148 m^3/(m^2 \cdot h)$；（e）通风强度 $=18.864 m^3/(m^2 \cdot h)$；（f）通风强度 $=23.58 m^3/(m^2 \cdot h)$

图 7-14 彩图

参 考 文 献

［1］Sidborn M，Moreno L. Model for bacterial leaching of copper sulphides by forced aeration ［C］//15th International Biohydrometallurgy Symposium，Athens，Greece：2003.

［2］尹升华. 浸出过程多相介质耦合作用机理及调控技术研究 ［D］. 北京：北京科技大学，2010.

［3］Comsol A B，Burlington M A. COMSOL Multiphysics User's Guide（Version 3.5a）［M］. Stockholm，Sweden：COMSOL Inc.，2008.

［4］Huang M Q，Wu A X. Numerical analysis of aerated heap bioleaching with variable irrigation and aeration combinations ［J］. Journal of Central South University，2020，27（7）：1432-1442.

［5］Edgardo R. Donati，Wolfgang Sand. Microbial Processing of Metal Sulfides ［M］. Netherland：Springer Verlag，2007.

［6］李宏煦，李安，吴爱祥，等. 喷淋液流速率与气流速率对次生硫化铜矿生物堆浸过程温度分布的影响 ［J］. 中国有色金属学报，2010，20（7）：1424-1432.

8 通风强化浸出技术调控与应用

8.1 通风强化浸出技术分类

硫化铜矿生物堆浸过程中，矿石化学反应及浸矿微生物生长需要大量的 O_2、CO_2 等气体，在自然通风无法满足堆场气体需求的情况下，强制通风成为一种可靠的工程措施[1-2]。智利的 Quebrada Blanca 铜矿、Alliance 铜矿，美国的 Kennecott 铜矿、Morenci 铜矿、Carlin 金矿，澳大利亚的 Girilambone 铜矿，秘鲁的 Cerro Verde 铜矿以及加拿大的 Denison 铀矿等堆浸矿山都采用了强制通风作为强化矿石浸出的技术手段，提高了矿石的浸出速率与浸出率，取得了较大的商业成功。

然而，影响强制通风技术推广的关键因素之一是通风成本及动力消耗的控制，如德兴铜矿原生硫化铜矿排土场浸出时强制通风吨铜电力消耗为 300kW·h，而硫化铜矿搅拌浸出工艺中通风吨铜电力消耗更是高达 1500~2000kW·h[3-4]。采用强制通风后，尽管吨铜综合生产成本因矿石浸出率的提升而有所下降，但前人却较少研究其中的规律与工程优化措施，导致强制通风调控技术成为溶浸采矿界的难题之一[5]。

利用通风来提高硫化铜矿浸出效果的途径主要有两种：（1）强化空气自然对流，即优化外界条件来提高堆场内的气体渗流及氧传质效果，同时让入堆溶液携带更多的溶解氧，工程措施包括移动式筑堆、入堆矿石粒径与级配控制、溶浸液气-液组成及喷淋制度优化、堆场渗透性改善等；（2）发展适合硫化铜矿生物堆浸的强制通风技术，通过合理设计底部结构、强制通风网络、通风监测指标及通风调控措施等手段来提高堆场氧气浓度，用较低成本的强制通风来加快较高价值的矿石浸出速率。

两种途径中，前者是相对被动的，通过增强溶浸液的渗透性来带入更多的溶解氧，优点是操作成本较低，但堆浸过程中相关技术调整空间有限；后者是相对主动的，可根据矿石浸出的实际情况进行动态优化，但是安装工序较复杂，基建及运营成本略有提高。因此，设计生物堆浸厂时应首先考虑有利于堆场气体自然对流的筑堆方式，同时建立堆场强制通风系统，必要时通过机械通风来满足堆场需氧量，以减小通风动力消耗与生产成本，提高矿山经济效益。

8.2 强化堆场气体自然对流

8.2.1 筑堆方法选择

堆场的渗透性对筑堆时的机械碾压极其敏感，在铲运机、汽车的长期碾压及重力沉降的作用下，堆场中溶液的渗透系数可能出现数量级的下降。传统的筑堆方法一般是将破碎后的矿石用皮带输送至堆场，再利用轮式汽车倒运至各个排放点。由于堆场长度往往可达数百米，因此筑堆机械对堆场的反复压实作用十分明显。

为了减缓筑堆机械对堆场碾压的频率与强度，可将常规的"固定式皮带输送→装载机装载→汽车倒运→挖掘机平整"筑堆方式改为"固定式皮带输送→移动式皮带二次输送→装载机倒运→挖掘机平整"移动式筑堆方法。新方法中，合格粒径的矿石首先用装有皮带秤的固定式皮带输送至堆场，接着用移动式皮带机输送至各个区域，移动式皮带机可根据堆场地形及设计要求随意调节位置、高度、倾角，再利用装载机进行短距离的倒运，最后用挖掘机对堆场表面进行平整，并对压实层进行深耙疏松。

云南羊拉铜矿采用低碾压式的筑堆方法后，矿石的入堆能力（1.8 万~2.6 万吨/月）、扩场速度、工作效率及堆场渗透性均比常规筑堆方法有较大幅度的提高（见图 8-1）。

8.2.2 控制入堆矿石粒径

入堆矿石粒径对金属浸出率及堆场渗透率的影响是直接而又矛盾的。一方面，减小矿石颗粒时有较大的比表面积，有利于溶浸液、微生物及矿石的相互作用；另一方面，减小矿石颗粒却又容易引起物理板结、化学沉淀等作用，粉矿或泥矿含量高时甚至会造成溶液入渗困难，直接以地表径流的方式排出堆场。因此，控制入堆矿石粒径来提高堆场的渗透效果，主要途径是减小粉矿及泥矿在堆场内的迁移、沉积及堵塞，可采用分类筑堆及制粒浸出工艺来达到这一目的。

图 8-1 云南羊拉铜矿移动式筑堆方法

(a) 固定式皮带及移动式皮带输送矿石；(b) 挖掘机平场与翻堆

8.2.2.1 分类筑堆

分类筑堆即对入堆矿石进行水洗分级，将细颗粒及粗颗粒堆存在堆场不同区域，细颗粒区及粗颗粒区采用不同的喷淋强度，以此提高堆场的渗透性。分类筑堆的原理是由于不同粒径物料的渗透性不同，喷淋时溶液优先流发生区域也不同[6-7]。当喷淋强度较小时，从粗粒级区流出的溶液比例远小于从细粒级区流出的溶液比例；随着喷淋强度的加大，细颗粒区逐渐达到饱和，溶液开始进入粗颗粒区，导致粗颗粒区的出液率逐渐增大并超过细颗粒区。

羊拉铜矿堆浸时发现入堆矿石粒径在 +1mm 时浸出效果最好，因此将 -1mm 以下的粉矿进行搅拌浸出，+5mm 的粗颗粒布置在堆场中央，+1~5mm 的细颗粒布置在堆场周边（见图 8-2）。之后，对粗细颗粒区进行不同喷淋强度的浸出，其中粒径为 5~50mm 的粗颗粒区喷淋强度为 $20~100L/(m^2 \cdot h)$，细粒级区为 $5~20L/(m^2 \cdot h)$。分类筑堆前，溶液在堆场的入渗深度只有 20~30cm，分类筑堆后溶液渗流大大改善，Cu 浸出率从 32.4% 上升到 63.9%。

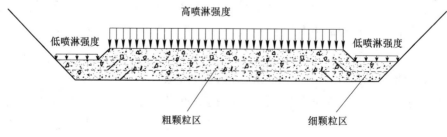

图 8-2 羊拉铜矿粗细颗粒分类筑堆及喷淋示意图

8.2.2.2 制粒浸出

制粒浸出是指以一定粒度的矿石或废石为支撑颗粒，利用少量黏结剂、水或萃余液将粉矿或泥矿粘贴在支撑颗粒表面，使粉矿在支撑颗粒表面形成一个薄层，从而将矿石加工成一种质地紧密、粒径较大、密度较小、孔隙率大的球状或团状浸出散体。制粒堆浸的关键是选择与矿石物理性质匹配的黏结剂，保证制粒后的散体在浸出过程中保持较高的强度与渗透性[8]。

制粒工艺简单，适用于含泥量较高的矿石或高品位矿石浸出。制粒提高了浸出散体的孔隙率，改善了堆场的渗透性，拓宽了堆浸的应用范围。与常规堆浸相比，制粒堆浸能至少提高目标金属浸出率20%，减少溶浸液用量20%，缩短生产周期1/3[9]。美国 Geobiotics、Hotmes & Naruer 等公司旗下的金矿及铜矿堆浸，都因制粒浸出取得了良好的经济效益。

8.2.3 优化布液方式与布液制度

自然通风条件下，氧气主要以自然对流形式进入堆场，或者以溶解氧形式被溶浸液带入堆场，因此在同等的渗透性能条件下，溶液布液方式、布液制度对硫化铜堆场的含氧量有重要的影响。优化布液方式与布液制度主要从三个方面考虑：

（1）布液方式。堆浸中常用的布液方式有喷淋式、滴淋式与灌溉式，实际生产中，后两种方式因存在布液不均匀、管理工作量大或浸出盲区较多等缺点而较少使用；喷淋式具有能耗低、布液均匀、布液范围广、喷淋强度调节方便、气体对流条件好等优点而成为主要布液方式。喷头主要有旋转漫射式及旋转摇摆式两种，其中漫射式喷头尺寸较小、重量较轻、旋转灵活，因此溶液能均匀漫射；而摇摆式喷头较重、耐磨性好、喷头射程远，但是喷射阻力大，喷头更换较频繁。两种喷头的主要特点如表8-1所示。

表8-1 旋转漫射式及旋转摇摆式喷头技术参数对比

喷头类型	进水口径/mm	工作压力/MPa	喷淋强度/L·h⁻¹	喷淋半径/m
漫射式	15	0.15~0.3	800~1000	6.5~7
摇摆式	12	0.06~0.12	300~400	4~6

为了取得更好的渗流效果及减少溶液蒸发，堆浸时通常采用喷淋加滴淋的组合布液方式，即在堆场主体采用喷淋式布液，在边坡采用滴淋式布液。

（2）布液位置。传统的布液方式是在堆场表面布液及边坡布液，但对于低渗堆场，采用这种布液方式时溶液难以渗入堆场深处，使堆场中下部的氧气浓度大大降低。为此，姜立春等人[10]对比了堆顶布液、边坡布液、堆中布液及堆底布液的优缺点，发现堆中布液能提高溶液在低渗透性堆场中的渗流效果，缩短溶液中溶解氧到达矿石反应区的时间，还能减小布液方式对天气变化的依赖性。

堆中布液通过供液系统及堆中布液设备，将溶浸液直接导入堆场中的某一深度，使溶液在重力、基质吸力或孔隙压力的作用下向堆场渗透。溶浸液通过供液系统进入堆场内的布液设备，布液网络包括砂井、加压垂直管、树状渗流管等。堆中布液运行过程中应合理控制布液压力与布液深度，防止造成溶液渗透短路，使溶液直接通过布液管网到达堆底的防渗垫层。堆场中单井布液及溶液渗流趋势如图8-3所示。

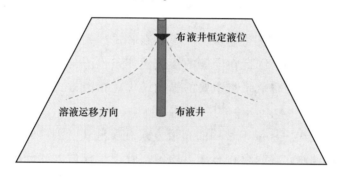

图 8-3　堆中布液时单井布液及溶液渗流趋势示意图

（3）布液强度。布液强度主要通过控制溶解氧浓度及渗流速率来影响堆场中的气-液渗透效果。布液强度较小时，溶液流量较小，携带的溶解氧浓度有限，无法入渗到堆场中部及下部。随着布液强度的增大，溶液在堆场间的迁移距离与扩散速率增大，液固接触作用增强，有利于浸出。但是，布液强度过大时会导致流体与孔隙通道界面的剪切力增大，使浸矿微生物在矿石颗粒表面的吸附减弱，从而不利于矿石的浸出[11]。同时，布液强度的增大也会导致电力消耗的增大，增加了堆浸的生产成本。

丁显杰等人[12]考察了喷淋强度对永平铜矿原生硫化铜矿浸出的影响，发现喷淋强度小于 $39.5L/(m^2 \cdot h)$ 时，Cu 浸出率随着喷淋强度的增大而增大，但喷淋强度继续增大时，Cu 浸出率反而不断降低。堆浸生产中的布液强度大多在同一个范围，如智利 Lo Aguirre 铜矿滴淋强度为 6~40L/(m² · h)，紫金山铜矿喷淋强度为 12~30L/(m² · h)，羊拉铜矿喷淋强度为 10~15L/(m² · h)，加拿大 Denison Mine 铀矿为 10~30L/(m² · h)。

实际生产中，矿堆喷淋速率应根据矿物类型、堆形、堆高及矿堆孔隙率进行调控，可根据有效风量率模型反推矿堆所需的通风强度，再结合最佳的喷淋速率与通风强度比值来确定合理的喷淋速率，并使喷淋作业与强制通风间歇进行。

8.2.4 溶浸液充气入堆

堆场中微生物生长对 O_2 及 CO_2 的需求量较大，根据 O_2 及 CO_2 溶解度与温度、压力及溶液盐浓度的关系，可通过向入堆溶浸液充气的方式来提高 O_2 及 CO_2 溶解度。充气组分包括空气、纯氧、富氧空气或 CO_2 等，应根据矿物类型、微生物对 O_2 及 CO_2 的需求量，以及充气成本共同决定。

（1）充入氧气或富氧空气。氧气是一种难溶气体，当压力为 101325Pa、气温为 25℃时浸出体系的饱和溶氧值约为 0.24mmol/L，而微生物正常生长的需氧量为 10~25mmol/(L · h)，因此自然通风条件下的溶解氧浓度远低于微生物的生长需求。对于 O_2，可通过在溶浸液中注入富氧空气或纯氧的方式来提高氧的溶解度，富氧率越高，游离氧与溶解氧浓度越大，氧传质系数也越大，越有利于矿石的浸出。然而，提高富氧率也加大了动力消耗，王洪江[3]发现当富氧率提高至 40% 以上时，堆场所需通风量随着富氧率的增加仅有小幅下降，因此富氧率应控制在 40% 以下。

（2）充入二氧化碳。堆场中微生物对 CO_2 的需求量为对应氧气需求量的 2.2%~5%，但空气中 CO_2 浓度（350mg/L）仅为氧气浓度（20.9%）的 0.17%，若靠自然通风提供碳源，CO_2 可能会限制浸矿微生物能源物质的获取。*Leptospirillum* 及 *Acidithiobacillus* 属的微生物能产生 0.022~0.05mol(CO_2)/mol(O_2)[13-14]；假设这些 CO_2 能被完全利用，则以 CO_2 为强制通风监控指标时，同期的通风量应至少是以 O_2 为监控指标时的 4.5 倍。考虑到矿石中多含碳酸盐矿物，这一比例可能有所降低，但无论如何，在入堆溶浸液中充入一定浓度的 CO_2，对微生物的生长是极其有益的。

（3）充入过氧化物。向入堆溶液中添加 H_2O_2 等过氧化物时，可利用其分解反应放出的 O_2，提高溶浸中的溶解氧浓度。H_2O_2 是一种弱酸性的无色液体，结构式为 H—O—O—H，相对分子量为 34.01，压力为 101325Pa、温度为 25℃时相对密度为 1.4067g/cm³，极不稳定，20℃时受热分解的活化能仅为 75kJ/mol，在 30℃以上时开始自动分解。H_2O_2 分解反应如式（8-1）所示。

$$2H_2O_2 \longrightarrow 2H_2O + O_2\uparrow + 200kJ \qquad (8-1)$$

堆场温度自上而下逐渐升高，有利于 H_2O_2 在下渗过程中沿程分解，并放出大量的气泡，使溶浸液中的溶解氧浓度大大提高。

8.2.5 改善堆场渗透性

堆场的渗透性受矿石性质（如孔隙率、压实度、含泥量等）及浸出环境（如喷淋强度、是否强制通风、物理板结、化学沉淀）等因素的影响。为了强化溶浸液在堆场中的渗透效果，将其中的溶解氧携带至矿石反应区域，必须改善堆场的渗透性。

强化溶液在堆场中的渗流可采取物理、化学、生物及其组合的方式，北京科技大学吴爱祥教授学术团队为此进行了较系统、较全面的研究。2006 年，马俊伟[15]测试了堆场渗流的各向异性，认为应力场通过改变堆场的体积应变及孔隙结构来改善溶液渗流。2008 年，Zhang 等人[16]通过激波管试验，发现应力波能有效增加堆场的骨架结构、孔隙率及渗透系数，利用应力波改善堆场渗透性是一种可行方法。接着，胡凯建等人[17]通过给浸出体系外加电场，促进了溶液在低渗透尾矿堆场的渗流效果。2014 年，刘超等人[2]通过充气柱浸试验，证明充气能扰动堆场的气、液、固三相平衡，并扩展矿堆的孔隙率。最近，艾纯明等人[18]在入堆溶浸液中添加阴离子表面活性剂，发现表面活性剂能改变矿石润湿性、降低溶液黏度、增强溶液在堆场中的渗透作用。这些研究在改善溶液渗流的同时，也为堆内气体提供了较稳定的渗流通道。

8.3 硫化铜矿堆浸的强制通风技术

8.3.1 堆场底部结构

底部结构是生物堆浸场最先建设的、也是最重要的工程之一。底部结构的作用主要有三个：（1）作为堆场与地基的隔水层与防护层，防止堆场的酸性溶液渗入地层污染土地与水源；（2）作为收集浸出富液的场所与通道，将富液输送至富液池以供萃取；（3）作为强制通风的管网布置场所，以使气流顺利地从底部结构输送至堆场底部。

堆场底部结构坡度一般设计为 1%～3%，以便于浸出富液及其收集。根据矿石的性质与实际情况，底部结构的材料略有不同，但从下往上一般包括平整后的地基、隔水层、衬垫、黏土层、衬垫、排水层及矿石垫层。隔水层及黏土层为压实后的细粒黏土，渗透系数应小于 5×10^{-10} m/s；排水层为粗颗粒的致密废石；矿石缓冲垫层为孔隙率较高的粗颗粒矿石；衬垫主要有高密度聚乙烯薄膜（HDPE）、土工布等。紫金山铜矿及伊朗 Sarcheshmeh 铜矿的底部结构分别如图 8-4 和图 8-5 所示。

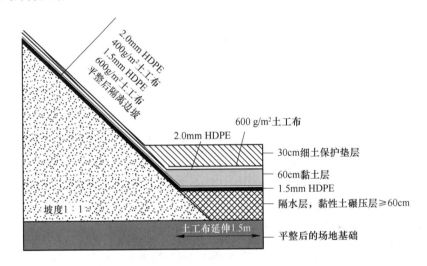

图 8-4 紫金山铜矿生物堆浸场底部结构示意图

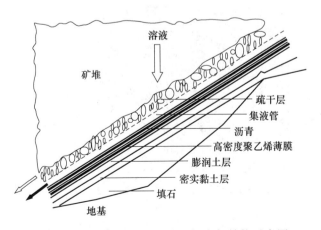

图 8-5 Sarcheshmeh 铜矿堆浸场底部结构示意图

　　若堆场高度较高或者渗透性较差，设计底部结构时必须考虑布置强制通风管道。以普通型的堆场底部结构为基础，考虑强制通风的底部结构可分为两种，一种是平底式布置，即通风管道与集液管道都布置在排水层中，其中通风管道布设在集液管道上方（见图 8-6）；另一种是沟槽式布置，即通风管道与集液管道布置在黏土层中开挖的沟槽内，沟槽与黏土层及地基之间用坚固的高密度聚乙烯薄板隔开（见图 8-7）。其中，沟槽式布置时，充气管道位于集液管道正上方，通风时底部易形成孔隙率连通性好的渗流通道，有利于浸出富液向集液管道汇集，同时降低堵塞的可能性。

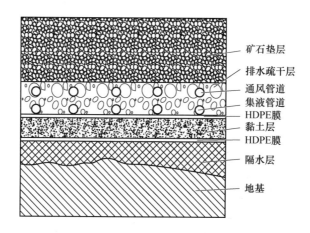

图 8-6　底部结构中的平底式通风管道布置形式

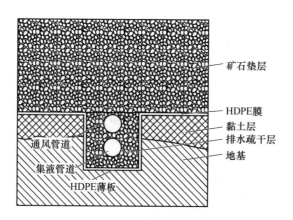

图 8-7　底部结构中的沟槽式通风管道布置形式

8.3.2 强制通风网络布置

生物堆浸时 O_2 及 CO_2 浓度是随着堆场深度的增加而递减的，同时，浸出富液将堆场热量带到堆底饱和区，致使堆场底部温度升高至不利于微生物生长的范围，因此，从矿石反应、微生物生长及温度的角度而言，堆底对气体的需求量最大，强制通风网络布置在堆底时能发挥最大的作用。

剖面上，通风网络布置主要有平底式及沟槽式两种；平面上，通风管道应与集液管道平行，由于常用的旋转式喷头服务半径为 4~6m，故在沿着堆场走向方向上，每隔 4~6m 各布置 1 条垂直于堆场走向的通风支管，通风支管每隔一段距离冲孔形成气泡扩散口，并外延至堆场外面约 1.5m，支管与通风主管用法兰连接。根据堆场高度及地形，若堆场较狭长，则可进行单向通风，即在堆场一侧布置通风主管，通风支管可延伸至堆场中间或另一侧；若堆场较宽，则可进行双向通风，即同时在堆场两侧布置通风主管，通风支管通过两侧供风对堆底进行供气。

两种强制通风的网络布置各有优劣，单向通风时管道材料较少、便于布置，但通风效果不够均匀；双向通风时通风均匀、风压稳定，但管网耗材较多，管路布置受堆场地形影响较大，两种通风网络平面布置如图 8-8 和图 8-9 所示。

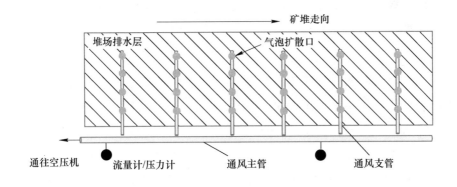

图 8-8 堆场底部单向通风网络布置平面图

通风支管可选择单管或双管，为保证沿程压力的稳定性，管道内径应从通风主管一端向另一端逐步递减，单向通风时连接通风主管一端的内径为 100~150mm，另一端内径为 50~80mm。通风支管通常外延至堆场外部 1.5m

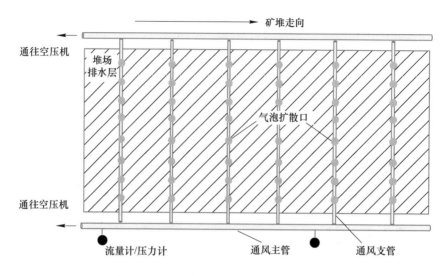

图 8-9 堆场底部双向通风网络布置平面图

处并与通风主管连接，通风主管的内径为 350~400mm。通过主管与支管之间连接的单向阀门，可控制入堆气流的压力或流量，通风主管与堆场外空压机房内的空压机连接。

8.3.3 强制通风设备选择

根据堆场底部结构及通风网络布置类型，强制通风的设备主要包括空压机、通风管道、空气扩散器、阀门、流量计、压力表等。

（1）空压机：空压机的选型与强制通风气压、通风强度有关，当堆场含硫量较高或堆场较高时，需加大强制通风的气压及强度。总体而言，强制通风要求的风压较低，如 Kennecott 铜矿中的通风主管连接到 1 台低压旋转式的叶片空压机，空压机气压 2.5kPa，输送空气流量 106m³/h。为了保证堆内充足的氧气浓度，空压机气压可适当加大，但一般不超过 10kPa。

（2）通风管道：由于生物堆浸大多是在酸性环境中进行的，通风管道要在长达数月甚至数年的浸出周期内保持完整，因此材料必须具备耐酸、耐压、强度高、使用寿命长等特点。目前，国内外矿山使用的通风管道有高等级的不锈钢管及塑料管。不锈钢管易受酸性溶液腐蚀，因此通风管道材料宜选高密度聚乙烯（PVC）或者高密度聚丙烯（PP）管。高密度聚乙烯具有耐冲击、耐低温、耐磨损、耐化学腐蚀、自身润滑、吸收冲击能等特点，而

PP（聚丙烯）具有耐腐蚀、高刚度、高硬度、高强度、化学稳定性优良等优点。可根据堆浸的实际情况选用以上材料。

（3）空气扩散器：目前生物堆浸中一般直接在通风管路上均匀钻孔，如 Kennecott 铜矿强制通风时在通风支管上半部分每隔 1m 布置 3 个扩散孔。为了使气体扩散更均匀，气体渗透范围更大，可在通风支管上均匀布置气泡扩散器（气孔），从而将空气分散成气泡，增大空气和溶浸液的接触面积，迅速将空气中的氧溶解于溶液中。

由堆场中的气泡动力学分析（本书 6.2 节）可知，气流以气泡形式从扩散器逸出后进入堆场，综合相关因素，堆浸中适合选用中气泡扩散器，孔口尺寸为 2~3mm，常用类型为多孔管、莎纶管。多孔管气泡扩散器如图 8-10 所示。

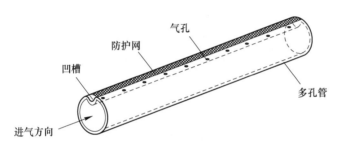

图 8-10　强制通风管道及其气泡扩散器

8.3.4　强制通风监测指标

硫化铜矿生物堆浸过程中，不同浸出阶段时堆场对氧气的需求量也不同，前期孔隙率较高，因此通风强度较小；后期溶液渗流速率降低、浸矿微生物需氧量大，因此通风强度较大。浸出过程中采用堆场氧化能力、氧利用率及氧传质效率等不同计算方法得到的需风量也不同。因此，应确定强制通风的监测指标，针对某一种或某几种参数确定强制通风的强度。根据硫化铜矿堆场气体渗流规律，可用于强制通风的监测指标主要有以下几种：

（1）氧气浓度。氧气浓度是评价堆场强制通风效果最直观、最有效的指标之一，通常氧气浓度与溶解氧浓度、微生物活性呈正相关关系。氧气浓度测量主要分成两部分，其一是强制通风后气流在堆场内形成稳定渗流时，利用钻孔内置的呼吸计来测量堆场不同深度的氧气浓度；其二是空压机停止工作后，测量某一时间段内堆场不同深度的氧气浓度下降情况，由此计算氧气利用系数及耗氧速率。

　　为了保证硫化铜矿溶解反应的进行，应使堆场内氧气浓度维持在 12% 以上。氧气利用系数指硫化矿氧化反应消耗的氧气量与同期充入堆场的氧气量之比，由于实际操作时氧气利用系数计算较困难，因此一般用耗氧速率来表征硫化矿氧化能力及细菌活性[19]。

　　氧气浓度的测量方法包括布孔检测法及在线监测法。布孔检测法指在堆场测量区域布置钻孔，测量时将氧气传感器（见图 8-11）置入不锈钢管中，再将不锈钢管下放至钻孔的指定深度，并对氧气传感器采回的气体样品进行分析，连续测量 5 次，平均值即为该堆场深度的氧气浓度。在线监测法原理与布孔检测法类似，监测系统能通过气路或输送线路将空气采集探头、抽气泵、氧传感器、氧变送器、采集卡及计算机有效连接起来，实现检测点氧气浓度的数字信号显示或储存[20]。氧气在线监测系统测量准确度高、响应快、系统稳定、数据重复性及可靠性高，因此可实现堆内氧气的实时在线及自动监测。

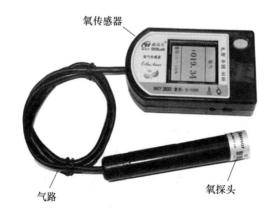

图 8-11　氧气传感器及其组成

　　（2）气体流量。气体在堆场内形成三维方向上的球向非稳定流场，但由于堆底通风管路是均匀布设的，因此堆内同一方向上的气体流量变化规律基本一致。气体流量与堆场耗氧速率密切相关，堆场各个深度上存在一个最佳气体流量。总体上，可根据强制通风条件下的堆场有效风量率模型来计算堆场所需的气体流量，从而达到经济与技术指标的平衡。

（3）气体压力。根据堆场气体渗流模型及堆场表面、边坡的边界条件，可计算得到强制通风稳定渗流及非稳定渗流时不同深度的气压力值，最佳施工气压应使非饱和矿堆大部分区域恰好处于初步混合区及深度混合区之间，然后通过改变堆底的通风强度或气压来达到这个最佳值。

测量时，可分别在堆场不同区域的底部、中部及上部各布置一个孔压传感器。堆场底部的孔压传感器可在堆场底部结构建设时埋设，埋设位置可在排水疏干层或矿石垫层中，传感器电缆用 PVC 或 PP 管环套，再从通风支管架出后连接到数据采集系统。堆场中部及上部的孔压传感器可在筑堆结束后埋设，并保证埋设点具备矿堆平均物理力学性质。

（4）堆场温度。堆场内温度变化的重要原因之一是硫化矿的反应放热，因此可以通过温度来反映矿石的氧化程度。同时，温度对浸矿微生物的生长也有直接的影响，采用嗜中温菌浸出时堆场温度应控制在 $25\sim40℃$ 之间，采用中度嗜热菌浸出时最佳温度范围则在 $40\sim55℃$ 之间。应用强制通风技术时，可通过调整通风强度、喷淋速率与通风强度的比值来控制堆场温度分布，以达到最佳的浸出温度范围。

堆场温度的测量方法与氧气浓度类似，通过钻孔将温度传感器（如地温计）下放至堆场某一深度，5 组测量的平均值即为该堆场深度的温度。分别测量强制通风稳定渗流时及自然通风条件下堆场不同区域、不同深度的温度，可绘制堆场的温度分布平面图及剖面图，并根据温度分布的空间异质性来间接反映硫化矿氧化反应程度。若某一区域温度值异常，则可通过通风主管及支管间的阀门来控制通风强度，从而有针对性地调节这一区域的温度。

（5）浸矿微生物浓度。浸矿微生物浓度较低时，微生物氧化 Fe^{2+} 为 Fe^{3+} 的速率可能成为矿石浸出的限制性因素；微生物浓度较高时，反应物质的扩散可能成为矿石浸出的限制性因素，且微生物群落对 O_2 及其他营养物质的争夺反而会增加堆场的无效耗氧。一般来说，浸矿微生物浓度应维持在 10^7 个/mL 以上，李宏煦[11]认为低品位次生硫化铜堆场的最佳微生物浓度为 2×10^{13} 个/m^2（约 3.3×10^6 个/mL），超过该浓度时微生物数量的增长对矿石氧化转化率并无明显的提高。因此，应及时监测微生物浓度，使其处于合理的区间。

堆场中部及底部的氧气供给主要是通过强制通风来实现的，假设强制通风时氧气的对流传输与微生物氧气需求量相等，则可通过氧气的供给及消耗来平衡堆场内的微生物数量。通风强度大时，堆内氧气浓度高，微生物数量不断增加，直至达到 $10^{12} \sim 10^{13}$ 个/m^2 这一最佳数量级；当微生物数量超过该值时，菌落群体对 O_2、CO_2 等能源物质的争夺加剧，微生物生长速率会减缓，数量会回落，以此达到数量平衡。

8.3.5 强制通风调控措施

在浸出的不同阶段，堆场内化学作用及生物作用对硫化矿氧化反应的贡献不同，因而对氧气的需求也不同。在强制通风技术的监测指标中，气体流量及气体压力是控制因素，堆场不同深度的温度、氧气浓度及浸矿微生物浓度是过程因素，Cu 浸出率是目标因素。通风强化生物堆浸应主要从强制通风强度、通风制度方面来进行调控。

8.3.5.1 强制通风强度

不同浸出阶段选择合适的强制通风强度对矿石高效浸出极其关键，若通风强度过小，则堆场内氧气浓度不足，微生物无法正常生长；若通风强度过大，饱和的空气从堆顶逸出时可能带走过多的热量，致使堆场反应速率下降，同时也增加了通风动力的成本。因此，应根据硫化铜矿的化学反应需氧量及微生物生长需氧量计算堆场的总需氧量，结合堆场底部的通风网络及氧气有效利用系数，确定单位体积或单位质量堆场所需的通风量。

对于以次生硫化铜矿为主的生物堆浸，当设计 Cu 浸出率大于80%时，按空气中的氧气浓度20.9%来计算，所需的标准通风强度（标态）一般为 $0.08 \sim 2 m^3/(m^2 \cdot h)$；若堆场中的碳源有限时，$CO_2$ 浓度可能成为微生物生长的限制性因素，此时通风强度应为标准通风强度的 $4 \sim 5$ 倍。

在通风强度较低时，通风强度与微生物浓度、Cu 浸出率可能是正相关关系，但超过一定数值时，由于微生物浓度氧化的 Fe^{3+} 已经超过硫化矿反应需求量，或者堆场温度的改变导致矿石氧化反应失去热力学优势，此时较大的通风强度对矿石浸出可能是负面的。因此，应结合堆场温度及微生物浓度，确定一个 Cu 浸出速率较快时的通风强度范围。

8.3.5.2 强制通风制度

强制通风制度包括通风休闲制度及气液速率调控制度，良好的通风制度应能合理安排喷淋与通风的作业与休闲周期、控制气液渗流的速率，充分发挥堆场内气体自然对流作用，减小通风动力消耗成本。

自然通风条件下，生物堆浸时常采用间歇式布液制度，即喷淋一段时间后接着休闲一段时间，喷淋与休闲周期根据当地的气候有所不同，目的是防止堆场表面或浅部形成径流，让更多的空气通过自然对流渗入堆场。类似地，强制通风制度也应采用间歇式通风制度，喷淋期让溶浸液携带足够的溶解氧进入堆场，喷淋休闲期则对堆场进行强制通风，以提高堆场不同区域的氧气浓度。紫金山铜矿生物堆浸采取定期喷淋及休闲的制度，浸出前期喷淋7天休闲4天，中期喷淋7天休闲7天，后期则改成喷淋2天休闲7天，保证了良好的堆场渗透性。

根据堆场的热平衡条件，喷淋速率与通风强度的比值 Q_1/Q_g 对堆场温度的分布影响巨大。Q_1/Q_g 过大，则气流或气泡羽流难以渗透，有可能在堆场中部或底部形成低氧气浓度区，同时溶液将堆场温度带到底部，不利于微生物生长；Q_1/Q_g 过小，则堆场内溶液渗流下渗阻力增大，不利于固-液反应的进行，同时致使热量在堆场表面聚焦，甚至逸出堆场。从硫化铜矿的通风强化浸出数值模拟结果来看，喷淋速率与通风强度比值 Q_1/Q_g 控制在 $1：25 \sim 1：50$ 时对硫化铜矿浸出比较有利。

8.4 强制通风技术工业应用

8.4.1 矿山概况

Quebrada Blanca 铜矿位于智利北部 Alti Plano 省的高原荒漠上（见图8-12），海拔4400m，气候严寒，是目前世界上海拔最高的生物冶金矿山，采用生物堆浸—萃取—电积工艺生产阴极铜。矿山从1994年开始采用生物堆浸法处理矿石及废石，其中以辉铜矿为主的铜矿8500万吨，入堆平均Cu品位0.8%～1.3%，含Cu废石4500万吨，入堆品位0.5%。主要金属矿物为辉铜矿和铜蓝，日处理能力为原矿1.73万吨，阴极铜产量为7.5万～8.0万吨/年[21]。

矿山采用移动式薄层堆浸浸出，堆场高度一般为6～6.5m，入堆矿石颗粒在9mm以下，用硫酸及热水进行制粒浸出。采用堆场表面喷淋加浅埋式滴淋联合布液方式，布液及休闲间隔的布液制度，萃余液经加热后重新进入堆场喷淋。由于矿山海拔高、温度低、氧气浓度低，为了保证浸矿微生物活性，在堆场底部安装大量的通风管道，用低压风进行强制通风。尽

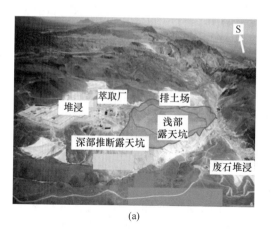

（a）　　　　　　　　　　　　　　　（b）

图 8-12　智利 Quebrada Blanca 硫化铜矿生物堆浸厂

（a）生物堆场全貌；（b）生物堆场喷淋管道布置

管冬季最低气温仅为 -10℃，但由于浸矿微生物活性较高，在氧化硫化矿过程中不断放热，因此堆场内可保持较合适的温度。浸出富液温度为 15 ~ 18℃时，浸出周期为 500 天，Cu 浸出率约 80%。生物冶金工艺生产吨铜成本为 1100 美元，2001 年投资 5000 万美元扩建废石堆浸后，吨铜成本进一步下降。

8.4.2　堆场强制通风系统设计

8.4.2.1　堆浸区域划分

由于 Quebrada Blanca 铜矿堆场占地面积巨大，因此在沿堆场走向上将堆场划分成若干个区域，每个区域长 90m、宽 60m、高 6.2m，矿石容重 1.65t/m³，总质量约 5.52 万吨，其中含 Cu 金属量 497.2t。为了减少水分蒸发，采用浅埋式滴淋布液，布液面积 5400m²，滴淋速率 8.4L/（m²·h）。滴淋主管采用内径 φ50mm 的高密度聚乙烯管，支管为内径 φ10mm 的塑料软管，支管排距 0.4m，均匀布孔，孔径 1mm，孔间距 0.8m，相邻两排滴淋支管按菱形方式布置。

8.4.2.2　底部结构布置

设计采用平底式布置的堆场底部结构。在平整的地基上，堆场底部结构由下向上依次为：经石灰处理过的 150mm 厚黏土层，由 -6mm 原矿组成的 150mm 厚垫层，2mm 的 HDPE 衬垫，由粒径为 6 ~ 50mm 的石英石组成的

450mm 厚排水层，以及由原矿组成的 1500mm 厚缓冲层。堆场底部结构设计示意图如图 8-13 所示。

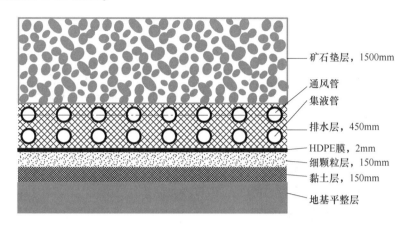

右侧标注（自上而下）：
矿石垫层，1500mm
通风管
集液管
排水层，450mm
HDPE膜，2mm
细颗粒层，150mm
黏土层，150mm
地基平整层

图 8-13 Quebrada Blanca 铜矿堆场底部结构设计示意图

8.4.2.3 强制通风网络布置

强制通风网络中的通风主管及支管布置在堆场底部结构中，通风管道布设在集液管正上方。由于堆场宽度较长，因此采用双向通风网络，即在堆场外 1.5m 处的道路上，在堆场坡脚沿堆场走向方向上共布置 2 条通风主管，通风主管内径 $\phi150\sim350mm$，从靠近空压机一侧向远离空压机一侧均匀减小。通风主管与堆场外的空压机连接。

两条通风主管间用通风支管连接，通风支管垂直于堆场走向布置，管道材料为单层高密度聚乙烯或者高密度聚丙烯，支管内径 $\phi50mm$，排间距 3m；每条支管顶部均匀开钻气泡扩散口，扩散口孔径 3mm，孔间距 0.5m。

强制通风网络布置示意图如图 8-9 所示。

8.4.2.4 通风强度计算

强制通风强度计算的基本假定为：入堆矿石的铜矿物以辉铜矿（Cu_2S）为主，矿石 Cu 品位为 0.9%，即 Cu_2S 品位 0.0625mol/kg；黄铁矿（FeS_2）含量为 4%，即 FeS_2 品位 0.333mol/kg。矿石松散密度为 1650kg/m³，堆场高 6.2m，浸出 10 个月后 Cu 浸出率为 80%，黄铁矿浸出率为 30%。矿山海拔 4400m，空气中的含氧量约为水平面含氧量的 66%，即氧气浓度大约为 13.91%。浸出过程中，堆场中的平均温度为 25℃。

主要硫化铜矿为辉铜矿及黄铁矿，反应式分别如下：

$$Cu_2S + 4Fe^{3+} \longrightarrow 2Cu^{2+} + 4Fe^{2+} + S^0 \qquad (8-2)$$

$$FeS_2 + 14Fe^{3+} + 8H_2O \longrightarrow 15Fe^{2+} + 2SO_4^{2-} + 16H^+ \qquad (8-3)$$

$$4Fe^{2+} + O_2 + 4H^+ \longrightarrow 4Fe^{3+} + 2H_2O \qquad (8-4)$$

根据以上假定，可计算得到 Cu 浸出速率为 0.05mol/(kg·a)，FeS_2 浸出速率为 0.0667mol/(kg·a)。由式（8-2）及式（8-3）可得 Fe^{3+} 需求量为 1.133mol/(kg·a)，由式（8-4）可得 O_2 需求量为 0.283mol/(kg·a)。竖直方向上堆场每平方米约承载矿重 10230kg，其对应需氧量为 2898.5mol/(m²·a)，即空气需求量为 501.3m³/(m²·a)，亦即 0.057m³/(m²·h)。若浸出过程中平均通风时间为 6h/d，则理论上堆场标准通风强度为 0.229m³/(m²·h)，空压机通风速率至少为该值时才能满足矿石浸出要求。

8.4.2.5　通风监测指标

矿山地处高原荒漠，空气稀薄，氧气浓度低，矿石浸出速率对堆场内的氧气浓度响应较强烈，因此，选择氧气浓度为强制通风监测指标。分别在堆场底部算起高度为 1m、3m、5m 处布设氧气浓度传感器，根据氧气浓度值调节强制通风强度。通风强度的分配靠主管与支管之间的单向阀门来实现，且通风主管的内径变化范围是 150~350mm，可保证各个区域通风时压力基本相等。根据矿石浸出速率变化，可在浸出周期内定期调整通风强度。

8.4.3　强制通风浸出模拟结果

根据以上设计，采用 COMSOL Multiphysics 模拟强制通风技术在 Quebrada Blanca 铜矿上的工业应用。物理模型长 90m、宽 60m、高 6.2m，矿堆密度 1.65t/m³，矿石类型主要为辉铜矿（Cu_2S），Cu 品位 0.9%，矿石黄铁矿（FeS_2）含量 4%。在堆底向矿堆进行低压强制通风，底部结构为平底式通风管道，堆场底部布置双向通风网络，通风支管每隔 0.5m 设置空气扩散孔。模拟中的其余初始参数、控制方程及边界条件同第 7 章类似。堆浸中滴淋强度为 8.4L/(m²·h)，浸出 300 天后，堆场中氧气浓度及矿石浸出率变化规律分析如下。

8.4.3.1　氧气浓度

堆场底部通风强度为 0（自然通风）、0.115m³/(m²·h)、0.23m³/(m²·h)（标准通风强度）、0.46m³/(m²·h) 时，从堆场底部起算 1m、3m 及 5m 处

的氧气浓度如图 8-14 所示。从图 8-14 中可以看出，自然通风时堆场空气中的氧气浓度自下而上形成明显的浓度梯度，强制通风时堆场上部及下部的氧气浓度高于堆场中部，且通风强度越大，堆场不同高度的氧气浓度差值越小。

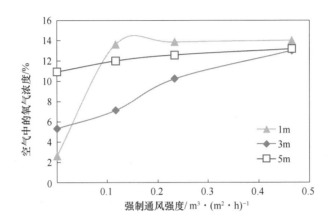

图 8-14　强制通风时堆场高度与氧气浓度关系

图 8-14 显示，当通风强度为标准通风强度 50% 时，堆高 3m 处的氧气浓度仅为 7.8%，难以满足浸矿微生物生长需求；当通风强度提高至标准通风强度的 2 倍时，堆场内氧气浓度均匀分布在 12.9% 以上，与空气中的氧含量相当，表明堆场中氧气浓度能满足微生物生长的区域扩展至全矿堆，此时氧气浓度不再成为浸出的限制性因素。

在未引进强制通风之前，Salomon-De-Friedberg[22] 发现堆场上部的氧气浓度为 10%，堆场表面以下 2m 的区域仅为 2%～3%，仅靠自然对流时氧气无法进入到堆场底部。同时，Schnell[23] 发现堆场表面以下 5m 的区域 Fe^{3+} 浓度几乎为 0，认为不通风时微生物浸出区域仅限于堆场表面以下 2m 的深度，2m 以下区域只有极其缓慢的化学浸出。本次模拟中堆场同一高度的氧气浓度值均高于文献中的数值，对比通风及不通风的氧气浓度变化规律可以看出，强制通风对改善堆场氧气浓度起关键作用。

8.4.3.2　矿石浸出率

因矿石浸出率与通风强度关系与第 6 章相似，本节重点分析矿石浸出率最高，即通风强度（0.46m^3/（m^2·h））为标准通风强度的 2 倍时 Cu 浸出率与浸出时间的关系，如图 8-15 所示。从图 8-15 可以看出，强制通风时浸出前期不同堆场高度的 Cu 浸出率非常相近，而后期堆场上部及下部 Cu 浸出速率及浸出率较高，中部较低。

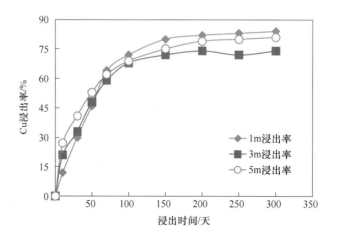

图 8-15 强制通风时 Cu 浸出率与浸出时间关系图

前期堆场渗透性较好，堆场上部在溶浸液携带溶解氧及强制通风的共同作用下，浸出速率较高，中部及下部依次降低。后期堆场渗透性较差，强制通风成为堆场中氧气的主要来源，堆场中部受自然对流及强制通风的综合影响均较小，故 Cu 浸出率最低。浸出 10 个月后，矿石平均浸出率为 80.5%，可计算出生物堆浸时耗氧量为 4.18mol(O_2)/mol(Cu)，即每浸出 1mol Cu 消耗氧气 4.18mol。

当通风强度为 0.46m^3/($m^2 \cdot h$) 时，Cu 平均浸出率比自然通风时高约 6.5%，同时浸出时间缩短 20%。假设强制通风设备为 JBT62 型轴流式风机，按电机功率 28kW、风压 3.14kPa、风机效率 50% 计算，则通风电力成本为 1.24 美元/($m^2 \cdot a$)，相当于 16.48 美元/t 铜；由于通风提高了铜浸出率，按铜价 4800 美元/t 估算，则整个矿堆总通风成本为 6676.9 美元，铜金属价值可增加 12.64 万美元。

矿石中的铜矿物辉铜矿（Cu_2S）约占 70%，铜蓝（CuS）约占 30%，每浸出 1mol 的 Cu_2S 及 CuS 时需氧量分别为 0.625mol 及 1mol，按 Cu 平均浸出率 81.5% 计算，堆场硫化矿化学反应需氧量约为 843.47mol/($m^2 \cdot a$)，即氧气利用系数为 17.6%。假设非饱和矿堆含水率为 40%，浸出过程中微生物生长的耗氧速率为 10~25mmol/(L·h)，则可计算竖直方向上每平方米堆场的微生物生长需氧量为 178.6~446.4mol/($m^2 \cdot a$)，即按微生物生长需氧量计算时氧气利用系数为 3.73% ~ 9.34%。综上，可得强制通风时堆场有效风量率为 21.4% ~ 27%，其中微生物生长耗氧量为矿石化学反应耗氧量的20% ~ 50%。

参 考 文 献

[1] 吴爱祥，王洪江，杨保华，等. 溶浸采矿技术的进展与展望 [J]. 采矿技术，2006，6 (3)：39-48.

[2] 吴爱祥，刘超，尹升华，等. 充气强化浸出对废石堆浸渗透性的影响 [J]. 中南大学学报（自然科学版），2015，46 (11)：4225-4230.

[3] 王洪江. 铜矿排土场细菌强化浸出机理及新工艺研究 [D]. 长沙：中南大学，2006.

[4] Bouquet F, Morin D. BROGIM®: A new three-phase mixing system testwork and scale-up [J]. Hydrometallurgy, 2006, 83 (1): 97-105.

[5] Schlitt J W. Kennecott′s million-ton test heap-the active leach program [J]. Minerals and Metallurgical Processing, 2006, 23 (1): 1-15.

[6] 王少勇，吴爱祥，王洪江，等. 高含泥氧化铜矿水洗-分级堆浸工艺 [J]. 中国有色金属学报，2013，23 (1)：229-237.

[7] Wu A X, Yin S H, Yang B H, et al. Study on preferential flow in dump leaching of low-grade ores [J]. Hydrometallurgy, 2007, 87 (3): 124-132.

[8] Nosrati A, Robinson D J, Addai-Mensah J. Establishing nickel laterite agglomerate structure and properties for enhanced heap leaching [J]. Hydrometallurgy, 2013, 134: 66-73.

[9] 黎澄宇，黎湘虹，王卉. 鑫泰含泥氧化铜矿制粒预处理堆浸工艺扩大试验 [J]. 有色金属，2009，61 (2)：74-76.

[10] 姜立春，李青松，吴爱祥. 堆中布液浸出高泥堆场的机理研究 [J]. 矿冶工程，2003，23 (2)：23-26.

[11] 李宏煦. 硫化铜矿生物堆浸过程的动力学研究 [D]. 北京：北京有色金属研究总院，2004.

[12] 丁显杰，张卫民. 催化条件下喷淋强度对低品位原生硫化铜矿酸法柱浸的影响 [J]. 现代矿业，2009 (4)：29-31.

[13] Boon M. Theoretical and Experimental Methods in the Modelling of Bio-oxidation Kinetics of Sulphide Minerals [D]. Delft, Netherlands: Delft University of Technology, 1996.

[14] Breed A W, Dempers C J N, Searby G E, et al. The effect of temperature on the continuous ferrous-iron oxidation kinetics of a predominantly Leptospirillum ferrooxidans culture [J]. Biotechnology and Bioengineering, 1999, 65 (1): 44-53.

[15] 马俊伟，吴爱祥，潘伟. 各向异性散体介质中的渗流场分析研究 [J]. 矿业研究与

开发，2006，25（5）：13-15.

［16］Zhang J，Wu A X，Wang Y M，et al. Experimental research in leaching of copper-bearing tailings enhanced by ultrasonic treatment［J］. Journal of China University of Mining and Technology，2008，18（1）：98-102.

［17］胡凯建，吴爱祥，尹升华，等. 电场改善细粒级尾矿浸出渗透效果试验研究［J］. 中南大学学报（自然科学版），2012，43（10）：3990.

［18］吴爱祥，艾纯明，王贻明，等. 表面活性剂对铜矿石堆浸渗透性的影响［J］. 中南大学学报（自然科学版），2014，45（3）：895-901.

［19］Brierley C L. Bacterial succession in bioheap leaching［J］. Hydrometallurgy，2001（59）：249-255.

［20］郑玉琪，陈同斌，高定，等. 堆肥氧气实时在线自动监测系统的开发［J］. 环境工程，2003，21（4）：55-57.

［21］Salomon-De-Friedberg H. Design aspects of aeration in heap leaching［C］//Proceedings of Randol Copper Hydrometallurgy Roundtable'98，Vancouver BC，Canada，1998.

［22］Salomon-De-Friedberg H. Quebrada Blanca：lessons learned in high-altitude leaching［C］//Meeting Preprint of Expomin 2000，Santiago，Chile，2000.

［23］Schnell H A. Bacterial heap leach practice at Quebrada Blanca［C］//Proceedings of Randol Copper Hydrometallurgy Roundtable'97，Lakewood，USA，1997.